Mr.Know-All

从这里，发现更宽广的世界……

高高 BOOKS

青少年科学与艺术素养丛书

动物传奇

小书虫读经典工作室 编著

天地出版社 | TIANDI PRESS

山东人民出版社 · 济南

国家一级出版社 全国百佳图书出版单位

图书在版编目（CIP）数据

动物传奇 / 小书虫读经典工作室编著. — 成都 : 天地出版社 ; 济南 : 山东人民出版社, 2022.6

（青少年科学与艺术素养丛书 ; 1）

ISBN 978-7-5455-7078-6

Ⅰ. ①动… Ⅱ. ①小… Ⅲ. ①动物—青少年读物 Ⅳ. ①Q95-49

中国版本图书馆CIP数据核字（2022）第072448号

DONGWU CHUANQI

动物传奇

出品人　杨　政
编　著　小书虫读经典工作室
责任编辑　李红珍　李菁菁
装帧设计　高高国际
责任印制　董建臣

出版发行　天地出版社
（成都市锦江区三色路238号　邮政编码：610023）
（北京市方庄芳群园3区3号　邮政编码：100078）
山东人民出版社
（山东省济南市市中区舜耕路517号11-14层　邮政编码：250003）
网　址　http://www.tiandiph.com
电子邮箱　tianditg@163.com
经　销　新华文轩出版传媒股份有限公司

印　刷　北京盛通印刷股份有限公司
版　次　2022年6月第1版
印　次　2022年6月第1次印刷
开　本　700mm×1000mm 1/16
印　张　300（全20册）
字　数　4800千字（全20册）
定　价　998.00元（全20册）
书　号　ISBN 978-7-5455-7078-6

咨询电话：（028）86361282（总编室）
购书热线：（010）67693207（营销中心）

总 序

聂震宁

一段时期以来，推广阅读特别是推广校园阅读时，推荐种类大都以文学或文史类居多，即使少量会有一点与科学相关，也还大都是科幻文学和科普文学作品，纯粹的科学与艺术知识类图书终归很少。这不能不说是一个很大的缺憾。

重视文史特别是文学阅读，当然无可厚非——岂止是无可厚非，应当说是天经地义！“以史为鉴，可以知兴替”，读文史书的意义古人早已经说得很深刻，而读文学的意义更是难以说尽。文学是人学，是对人的灵魂和精神的洗礼，是对人的心性、品格和气质的滋养。中国近代思想家、《少年中国说》的作者梁启超先生曾经指出：“欲新一国之民，不可不先新一国之小说。故欲新道德，必新小说；欲新宗教，必新小说；欲新政治，必新小说；欲新风俗，必新小说。”中国现代文学奠基人、著名文学家鲁迅先生年轻时认识到文学可以改善人们的思想觉悟，唤醒沉睡麻木的人们，激发公民的爱国热情，因而弃医从文，写出大量唤醒民众、震撼人心的文学作品，成为五四以来新文化运动的先驱和主将。

一个人如果在少年儿童时期阅读到许多优秀的文学作品，必将受益终生。优秀的文学作品能帮助我们树立壮丽而远大的理想，激发我们追求真理、勇攀高峰的勇气，引导我们对人生、社会、历史以及文学艺术形成深刻的理解和体悟。文学阅读不能没有，然而，科学知识的阅读同样也不能没有。科学是关于发现、发明、创造、实践的学问。科学能帮助我们了解物质世界的现象，寻求宇宙和自然的法则，研究自然世界的规律……通过科学的方法，人类逐渐掌握了物理、化学、地质学、生物学、自然以及人文科学等各个方面的知识和规律。人类的进步离不开科技的力量。科技不仅仅承载着人类未来和探索宇宙等重大使命，也与我们的日常生活息息相关。了解必备的科技知识，掌握基本的科学方法，形成科学思维，崇尚科学精神，并掌握一定的应用能力，对于少年儿童的成长具有特别重要的作用。

然而，长期以来，我国公民的科学素质都处于较低水平。相信很多朋友都还记得，2011 年日本发生 9.0 级强地震引发核泄漏事故，竟然在我国公众中引起了一场抢购食盐的风波。更早些时候，广东和海南等地“吃了得香蕉黄叶病的香蕉会得癌症”的谣传满天飞，致使香蕉价格狂跌不已，蕉农和水果商家损失惨重。虽然事情原因比较复杂，但公民科学素质不高显然是一个重要因素。社会上时不时就会出现的因为公民科学素质不高而轻信谣言传闻的事实，也一再提醒我们，必须下大力气提高公民科学素质。

关于我国公民科学素质相对处于较低水平的说法是有依据的。公民科学素质包含具备基本科学知识、具备运用科学方法的能力、具有科学思维科学思想，同时能够运用科学技术处理社会事务、参与公共事务。按照国际普遍采用的测量标准，经过科学的调查和测量，我国公民具备科学素质的比例一直比较低，在 2005 年只有 1.60%，2010 年也只有 3.27%，2015 年提高到 6.2%，但也只相当于发达国家 20 世纪 80 年代末的水平。经过近年来各级政府大力开展科学普及工作，2018 年我国公民具备科学素质的比例达到了 8.47%，与主要发达国家在这方面的差距进一步缩短。科学素质是决定人的思维方式和行为方式的重要因素，是人们过上更加美好生活的前提，更是实施创新驱动发展战略的基础。在科技日新月异、迅猛发展的今天，科技深刻地影响着经济社会人们生活的方方面面，公民科学素质已经成为国家综合实力的重要组成部分，成为先进生产力的核心要素之一，成为影响社会稳定和国计民生的直接因素。提高我国公民的科学素质，应当成为当前的一项紧迫任务。

“青少年科学与艺术素养丛书”就是为着提高我国的公民科学素质特别是少年儿童的科学素质而编著出版的。丛书由小书虫读经典工作室编著，整套图书共20册，其中涉及科学知识的有10册。

丛书的编著者清晰认识到，这是一套面向中国少年儿童读者的科学普及读物，应当在以下几个方面明确编著的思路和精心的设计。

第一，编著者主张着眼中国、放眼世界。编著的内容既要适合中国的少年儿童阅读，又要具有世界眼光，选题严格把控，既认真参考发达国家同年龄阶段科学教育的课程内容，又从中国青少年的阅读认知实际出发。

第二，编著者要求主题集中。每本书系统介绍相关主题，让读者集中掌握相关知识，在一定程度上达到专业知识完备的要求。

第三，鉴于青少年学习的兴趣需要培养和引导，编著者在坚持科学知识准确的前提下，努力让素材生活化、趣味化。科学与艺术并不是摆放在神坛上供人膜拜的圣物，而是需要通过一个个生动问题的解决来体现的。编著者希望这套图书既能够丰富少年儿童的课外阅读，让他们在快乐阅读中获取知识，又能帮助老师和父母辅导他们的课堂学习，激发他们发奋学习、勇攀高峰的兴趣和勇气。

第四，编著者力争做到科学知识与人文关怀并重。无论是书中问题的设计还是语言的表达，都要注意到体现正确的价值观、健康的道德情操和良好的审美趣味，要有利于培养少年儿童的大能力、大视野、大素质。

此外，这套图书在装帧设计和印制上下了很大功夫。装帧设计努力做到科学与艺术的有机结合，插图追求精美有趣。由于采用了高品质的纸张和全彩印刷，整套图书本本高品质，令人赏心悦目，足以让少年儿童读者在学习科学知识的同时也能得到美的享受。

在我国全民阅读特别是校园阅读蓬勃开展的今天，“青少年科学与艺术素养丛书“的出版无疑是一件值得肯定的好事。在阅读活动中，推广文史类特别是文学图书的阅读，将有利于提高公民特别是少年儿童的人文素质，而推广科技知识类图书的阅读，则将有利于提高公民特别是少年儿童的科学素质。国家要富强，民族要振兴，公民这两大素质是不可缺少的。

（聂震宁，编审，博士研究生导师，第十、十一、十二届全国政协委员，中国作家协会会员，中国出版集团公司原总裁，现任韬奋基金会理事长、中国出版协会副理事长）

推荐序

何　彦

20 世纪的七八十年代，我在读小学和中学。那个时候信息与资料还比较匮乏，知识普及类图书不多，但这没有影响孩子们对自然科学和人文科学的好奇与热情。我和我的小伙伴们读着《十万个为什么》、《上下五千年》、叶永烈的科幻小说、大科学家们的故事……我们景仰着牛顿、爱迪生、居里夫人、华罗庚、陈景润……憧憬着国家实现现代化的美好蓝图，我们被知识激励，被科学家、历史学家引领，在不断学习中终于成为博学、有底蕴、眼界宽广的人。

几十年过去，出版、互联网和人工智能的发展进步使得知识的普及与传播实现了量的积累与质的飞跃。现在的孩子们是幸运的，他们面对着更为多元的知识和拥有着更为优质的学习渠道。但是，个人的时间是有限的，知识传播也呈现出碎片化的倾向，如何让这个时代的青少年全面、有效地对自然科学和人文科学有一个整体的认识，已经成了今天科普出版的重大难题。

因此，我很高兴能够看到这套图书的付梓。它选材丰富全面，但不是机械地堆砌知识，而是引导青少年读者在欣赏一个个美妙的知识细节的过程中，逐渐形成对事物整体的把握。孩子们会看到整个世界就像一个活泼的生命，它多姿多彩，千变万化，有着无尽的可能，让他们由衷地好奇、赞叹，希望亲自去探索。

人类既生活在宇宙空间里，也生活在历史中。我们来自空间和历史，也改变着空间和历史。在这套丛书里，孩子们通过对历史的了解，对科技发展的认识，不仅可以看到人类一路走来的艰辛，也可以看到人类的伟大意志和力量，并思索人类应该肩负的责任。这套丛书在传播知识的同时，也带给孩子们价值观和梦想的启迪。

培根说："知识就是力量。"好的书籍就像接力棒，把人类知识的力量一代一代地传递下去！

（何彦，清华大学化学系教授、博士生导师）

CONTENTS

目录

第一章 恐龙大图谱

第二章 远古时期的离奇怪兽

第三章 不可思议的濒危动物

第四章 放大镜下的“小怪物”：昆虫

第五章

兽中之王老虎和狮子

第六章 狼兄狗弟

第七章 人类的良伴猫和马

第八章 珍奇的海洋动物

第九章
神奇的猴子

第一章

恐龙大图谱

恐龙都长什么样？恐龙的头有哪些形状？恐龙的视力又怎样？它们的皮肤是什么颜色的？它们是吃什么长大的，又是怎么睡觉的？恐龙之间交流的时候会像人一样说话吗，还是有别的方式呢？它们的寿命通常又有多长？关于它们的生活，我们还有哪些不知晓的详情呢？你会发现，一旦我们敲开了好奇这扇窗，便会有无数个问题涌出大脑。相信你也渴望对恐龙的外貌和习性进行进一步了解，就让我们踏上探索恐龙的新旅程吧。

恐龙的头都有哪些形状

恐龙身上有太多令人好奇的东西，就连它们的头部也能让人着迷。其他动物的头一般都只有一种形状，但是恐龙头的形状却有好几种。下面我们就来看看恐龙的头都有哪些形状吧。

角龙类恐龙是恐龙家族中出现最晚的一族，但种类却很多。从原角龙、秀角龙到三角龙、戟龙等，这些恐龙的头上都长着奇怪的尖角；而且它们头上的角在后期越长越粗，越长越长，角的数量也从一个增加到好几个。比如三角龙的头上就有三根又长又粗的尖角。同时，它们头上的一些骨头还向身体后面延伸，有的甚至超过了脖子。它们中有的角还长在脖子上，在脖颈的边缘形成尖锐的骨刺。

肿头龙，顾名思义，它们的头看起来就像肿起来了一样。它们的头顶肿大，形状就像一个圆拱，看起来像头顶上长了一个巨大的包。肿头龙头骨上的部分空洞被封住了，因为它们的头颅被一层厚厚的骨板盖住了，这层骨板的厚度可以达到 25 厘米。由此我们想象得出，肿头龙的头可能不太好看。

还有一类恐龙属于鸭嘴龙类。这种恐龙的头上有各式各样的骨质顶饰，就像一个个用骨头做的戴在头上的装饰品。这种顶饰是由鼻子部分的骨骼向外凸起并且延伸而成的。它们的形状千奇百怪，有的像一根管子，有的像一个钢盔，有的像一个圆球，好

▲ 三角龙

▲ 肿头龙

多顶饰的中间还是空的，里面的空腔和鼻腔相通，成为鼻通道的一部分。也正因为有了这一条扩大了的鼻通道，鸭嘴龙的嗅觉才特别的灵敏。

看来恐龙的头还真是千奇百怪呢。

小贴士

“恐龙”这个称谓的正式提出，要感谢英国的一位叫理查·欧文的古生物学家。由于那些被挖出来的骨骼化石都非常庞大，欧文以此推断它们的主人应该是个头很大且令人毛骨悚然的巨型动物，于是他便把它们命名为“恐龙”，意思就是“恐怖的蜥蜴”。后来，日本的学者又把“恐怖的蜥蜴”翻译成“恐龙”，中国的学者则把它引进到了中国，恐龙渐渐成了众所周知的一个词。值得注意的是，“恐龙”可不是蜥蜴。

恐龙的视力怎么样

相信有人会好奇，既然恐龙有这么大的头，有的恐龙还有大大的眼睛，那恐龙的视力又怎么样？有没有恐龙是近视眼呢？

在回答这个问题之前，我们先来了解一下要怎样才能判断出动物的视力好不好。动物的视力好不好，我们大致可以从两个方

▲ 植食性恐龙

面来衡量：一个是两只眼睛的位置；另一个是眼睛的大小。通常来说，眼睛大的会比眼睛小的视力要好一些。

根据目前所了解到的，植食性恐龙的眼睛对称长在头部的两边，两只眼睛之间的距离很大。因此，这类恐龙的眼睛能看到的范围就很广，别说从前面来的敌人能被它们及时发现，就连侧面或者是身后来了敌人，它们也能很快发现，这可是它们保护自己的有力工具。相反，肉食性恐龙的两只眼睛离得就比较近，并且眼睛还长在头的前面。这类恐龙看到的东西会有一部分重叠在一起，更能显出事物的整体形态，也就有利于判断目标的距离，有助于它们准确地捕食猎物。大部分肉食性恐龙都有着敏锐的视力，比如永川龙、霸王龙，这是它们捕猎成功的重要因素之一。

鸭嘴龙一双大大的眼睛长在脸颊的两边，还能够向上移动。鸭嘴龙的视力非常好，这双“火眼金睛”可帮助它们躲过很多的危险。蜥脚类恐龙的视力跟鸭嘴龙相比可就逊色多了。而甲龙和剑龙的视力则更差，它们很有可能属于恐龙家族中的“近视眼”。

恐龙的牙齿有哪些功能

平时，你注意过自己的牙齿吗？成人的牙齿一般一共有 32 颗，处在不同位置的牙齿，形状和功能也会不一样。牙齿是人身体最坚硬的器官，它可以帮助我们吃东西，还能帮助我们说话。一口洁白而整齐的牙齿能显现出人的自信与俊美。那恐龙也会有一口漂亮整齐的大白牙吗？如果没有，它们的牙齿又是什么样子的呢？又有哪些功能呢？

很多肉食性恐龙牙齿的形状像一把匕首，并且朝内一侧的牙

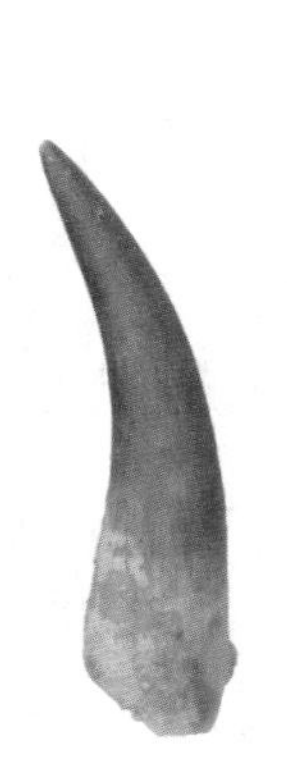

◀ 肉食性恐龙的牙齿

齿像锯齿一样，非常锋利。肉食性恐龙每颗牙齿的形状、大小差不多都相同，并且往往排列得很密集。这些又大又锋利的牙齿能够帮助它们又快又有力地撕裂和切割猎物。你能想象一头食肉龙朝你张着它的血盆大口时那令人毛骨悚然的场面吗？

植食类恐龙牙齿的形状和功能跟食肉恐龙的很不一样。植食类恐龙牙齿的形状比较多，有的像小勺子，有的像钉子，还有的像树叶。它们的牙齿排列得也很紧密，但是分布得不太均匀，有的集中长在口腔前部，有的集中长在两颊。这些恐龙主要以吃植物为生，因此它们的牙齿也就没有食肉恐龙的牙齿那么锋利和吓人了。

小贴士

不过，目前研究的结果显示，恐龙牙齿的功能还是比较单一的，不像人类的牙齿有那么多功能。有趣的是，成年人的牙齿如果掉了就不会再长新的了，但是恐龙的牙齿如果掉了或者磨损了，还能再长出新的来。

恐龙的皮肤可能是什么样子的

我们现在对恐龙的了解主要还是依靠研究地下挖掘出来的化石。一个远古的生命能变成化石并保留到今天的概率是很小的，而且大多数都是动物的骨骼变成化石被保留下来，如果像皮肤和内脏器官这种软组织能作为化石保留下来，那简直就是个奇迹。科学家主要是依靠挖掘出来的极少数的恐龙的皮肤化石和现代一些爬行动物的皮肤特征来对恐龙的皮肤进行推测和研究的。那么，恐龙的皮肤可能是什么样子的呢？

人们曾经在英国发现过一块色里多龙的化石，这块化石上有一些又小又圆的形状，后来被认定是这只恐龙的皮肤化石。由此推测，这种恐龙的皮肤上长有很多小而圆的鳞片。而在四川自贡发现的一块剑龙类恐龙的皮肤化石，其表面有很多六角形的形状，由此知道这种恐龙的皮肤上长着很多六角形的鳞片。科学家还在北美洲发现过一只鸭嘴龙的“木乃伊”，这只恐龙“木乃伊”的皮肤保存得比较完好，可以看出它有着一层很厚的皮肤。厚厚的皮肤可以帮助鸭嘴龙抵御肉食性恐龙的攻击。

而恐龙皮肤的颜色，因为没有足够的证据，则难推测得多。现在的爬行动物，它们皮肤的颜色都比较单一，由此估计恐龙皮肤的颜色也比较单一，可能是暗绿色、棕色或者灰色等。不过有的科学家估计有的恐龙皮肤的颜色也会比较鲜艳，就像现在有毒的蛇和蜥蜴的皮肤那样。鲜艳的色彩可以作为有毒的警戒色，提醒别的动物不要来侵犯自己。恐龙家族那么庞大，种类如此之多，恐龙皮肤的颜色应该也是缤纷多样的吧。

恐龙妈妈是怎么产蛋的

恐龙妈妈建了个大大的窝，这个窝是做什么的呢？是用来睡觉的吗？当然不是了。恐龙妈妈做窝是因为它要产恐龙蛋，要繁衍后代了。那么恐龙妈妈是怎么产蛋的呢？

每年到了繁殖的季节，恐龙妈妈在要产蛋前会准备好一个恐龙窝来迎接新宝宝的诞生。它们会选择一个阳光充足又温暖的地方做窝。这个地方的土壤要比较疏松，还不能太潮湿，要干燥些。有的恐龙妈妈还会把窝建在地势较高较安全的地方，以防范被其他恐龙发现。恐龙妈妈在给恐龙宝宝建造一个家时可费了不少脑筋。在选择完做窝的地址后，恐龙妈妈就要开始下蛋了。

首先，恐龙妈妈会刨一个坑作为“产房”，又在坑的边缘垒上一圈土，以防止雨水漫进坑来。接下来，恐龙妈妈就蹲在上面，一个一个地产下第一圈恐龙蛋。然后，恐龙妈妈会把采集的树枝或者是泥土覆盖在恐龙蛋上。紧接着，恐龙妈妈又逐个产下第二圈蛋，又用同样的方式将这一圈蛋盖好。这些恐龙蛋大多是按照放射状排列的，一窝蛋往往都有好几层，数量可以达到四十多个。当然，不同的恐龙妈妈下蛋的方式也不一样，有的会把蛋下成一条直线，有的则下成螺旋形，也有的恐龙妈妈比较懒，蛋排列得不规则。下完蛋之后，恐龙妈妈会用较多的树枝或者土将窝盖好。

▲ 恐龙蛋化石

这样就顺利地产完一窝蛋了。有的恐龙妈妈还比较“念旧”，它们如果头一年选了个好地方做窝，第二年就还可能来这里。

现在，你知道恐龙妈妈是怎么产蛋的了吧。

小贴士

根据科学家的研究，大多数的恐龙妈妈都不会像母鸡孵鸡蛋那样去孵化恐龙蛋。太阳光照射在恐龙妈妈做的窝上，就可以帮恐龙妈妈孵化恐龙蛋。所以恐龙妈妈会尽量地把蛋铺展开，再用树枝或者泥土将蛋盖好，这样蛋就能最大限度地吸收太阳光的热量，同时为恐龙蛋保温。

近年来，有新的证据表明有少数的恐龙也会像鸡那样孵蛋，但是目前发现的大多数恐龙是没有这种行为的。

剑龙身上的剑板有什么作用

在侏罗纪繁茂的森林中，生活着很多的恐龙。其中，有一种有着胖大的身体、四足行走的恐龙。不同于其他恐龙的是，它们的背上长着很多像扇子一样的剑板。这是种什么恐龙呢？它们背上的剑板又有什么用？

这种背上长着剑板的恐龙叫作剑龙，是一种四足行走的植食

◀ 剑龙

性恐龙，大约生活在侏罗纪晚期。目前，主要在北美洲和欧洲发现了剑龙的化石。剑龙可是十足的大胖子，它身体的长度大概是 9 米，身高大概是 4 米，跟一辆中型公交车的大小差不多。剑龙的脑袋跟肥大的身体比起来就小太多了，看起来笨笨的，它的脑容量只有狗的脑容量那么大。剑龙的四肢很粗壮，前肢上有 5 个脚趾，后肢则有 3 个脚趾；但是它的后肢比前肢长，这就使得剑龙的头会比较接近地面，吃一些低矮的植物，尾巴则高高地举在空中。

剑龙最特别的是它弯弯的背上长着一些大大的剑板。对于这些剑板的作用，科学家们有不同的猜测，主要有两种观点：一是这些剑板是用来求偶的，剑板上可能有不同的颜色，颜色美丽的更能吸引异性，也可能每只剑龙身上的剑板的大小都不一样，剑板宽大的更能吸引异性；二是这些剑板可以用来调节体温，因为剑板内有很多小小的孔，可能是血液通过的地方，剑龙便通过控制流过剑板内的血量来吸热和散热，活像一台背在背上的自动空调。看来，剑龙身上的剑板可不是多余的，用处大着呢！

慢龙为什么得名“慢”字

给恐龙取名字是一件很有意思的事。科学家能从很多方面给恐龙取名字，比如依据它们的特征、化石的发现地等。而下面介绍的这种叫慢龙的恐龙名字里有个“慢”字，这是为什么呢？是因为它们走路很慢吗?

慢龙生活在距今大概 9000 万年前的白垩纪早期，身体的长度为 5 ～ 7 米，是一种两足行走的恐龙。慢龙有着一颗小小的脑袋，粗短的四肢支撑着它那胖乎乎的身体。它的脊椎呈曲线形，所以它看起来就像弓着背走路。慢龙的大腿很粗很长，但是小腿却比较细短，脚掌则又厚又宽。这样的足部结构使得它不能像其他两足行走的恐龙那样用有力的后肢快速地奔跑和捕抓猎物，而只能在陆地上慢慢悠悠地走来走去，跑也跑不快。正是因为如此，科学家便给它取名为慢龙。关于慢龙的饮食，科学界现在还没有形成统一的观点。一种看法是，慢龙能够游泳，它们可以潜入水中去吃一些鱼虾之类的水生动物。这是因为科学家曾经在一堆慢

▼ 慢龙

龙的化石旁边发现了一个脚印，这个脚印像现在的鸭子脚印一样，而科学家认为这个脚印是慢龙留下的。这也就意味着慢龙的脚掌可能像鸭子的脚掌一样，因此也就能在水中找东西吃。另外一种看法是，慢龙可能吃一些地上的小型爬虫，比如蚂蚁。因为慢龙的前肢灵活度较高，并且前肢上还长着三个又长又尖的爪子。如果慢龙想要挖开一个藏在地下的蚂蚁洞的话，是很简单的；而且慢龙小小的脑袋也能伸进洞里吃掉爬虫。

知道了慢龙的一些特点后，就不难理解科学家为什么给它取名为慢龙了。

驰龙跑得很快吗

早在 19 世纪末期到 20 世纪初期，有一种理论宣称鸟类是恐龙的后代。这种理论在很长一段时间里都没有受到重视。直到 20 世纪 60 年代，当一群体形和鸟类非常相似的恐龙被发现时，这个理论才被重新提起。这群恐龙就是驰龙，它们又被称作“盗龙”。

首先得从驰龙的体形说起。驰龙的体形都比较小巧，小的就像鹅一样，大的也只有老虎那么大。它们前肢的关节像翅膀一样，后肢强壮有力，长着大大的爪子。它们尽管个子都不大，却很善于奔跑，并且性情凶猛，是很可怕的捕食者。人们也把它们称为“盗龙”，比如伶盗龙、犹他盗龙等。驰龙的身体很

▶ 驰龙

轻盈，且有强健的后肢，这使得它们的奔跑速度很快。在捕猎的时候，它们先猛地一跳把猎物撞倒，然后用锋利的爪子抓住猎物，再用尖利的牙齿撕扯猎物。它们那大大的爪子能弯曲自如，强壮有力，可以把猎物的肉割开。它们奔跑的时候会把爪子收起来，以免与地面发生摩擦而损坏爪子。驰龙类恐龙和鸟类有很多共同特征，比如，都有一身很轻的骨头，后肢强健并且伴有利爪。另外，目前已经发现的部分驰龙类恐龙身上还长着羽毛，尤其是在它们翼状的前肢和尾巴上还长有比较大型的、一片一片的羽毛。

可以说，驰龙类恐龙的出现又为鸟类是恐龙的后代这一说法加上了一个砝码。

恐龙中被称为“暴龙”的是谁

在恐龙王国里有一种极其凶猛残暴的恐龙，被称为“暴龙”。它们是恐龙里最凶暴的掠食者。不过要是说起暴龙的另外一个名字，相信大家都不会陌生，那就是霸王龙。

霸王龙大概生活在距今 6700 万年前的白垩纪末期，主要在现在的加拿大和美国的西部地区活动。霸王龙是一种肉食性恐龙，也是目前发现的最大最凶猛的肉食性恐龙之一，是恐龙王国里的“暴君”。在恐龙的世界里，植食性恐龙们都非常害怕这些“暴君”，

◀ 霸王龙

每天都小心地提防着，甚至有些中小型的肉食性恐龙遇到它们时也会赶快逃跑。霸王龙能成为恐龙里的“暴君”，是由它们身体的结构决定的。它们的平均身体长度大约是 11 米，最长的有 14.6 米，算得上是肉食性恐龙里的大个子了；体重在 4 吨到 8 吨之间。它最明显的特征是那颗硕大的头颅。目前发现的霸王龙的头颅最大的有 1.4 米长，当它的大嘴张开时，足足能躺下一个成年人。要支撑起来这么大的一个头可是很不容易的，不过不用担心，霸王龙的脖子是很粗壮的，肌肉也很发达，不仅能够支撑头部，还能很有力地摆动。霸王龙的一张大嘴里长满了整齐又锋利的锯齿状的牙齿，最长的能够达到 20 厘米。如果被这张大嘴咬上一口，那可真的是粉身碎骨了。霸王龙还有一条又长又粗壮的尾巴，这条尾巴能够起到平衡身体的作用。此外，霸王龙还有两条大约 3 米长的粗壮的后肢。每一条后肢上都有三个强而有力的爪子和发达的肌肉，可以稳稳地支撑它们庞大的身体。

霸王龙在身体上有着无可比拟的优势，这也让它们成为恐龙王国里的王者。

窃蛋龙的名字是怎么来的呢

在恐龙世界里，有一种恐龙在很长时间里都被认为是“小偷”，这种恐龙就是窃蛋龙。窃蛋龙真的是偷蛋的恐龙吗？它为什么会有一个这么不好听的名字呢？

◀ 窃蛋龙

窃蛋龙是一类生活在白垩纪晚期的恐龙，大小跟现在的鸵鸟差不多。第一只出土的窃蛋龙类恐龙的头骨化石是碎的，它躺在一堆原角龙恐龙蛋的化石中。当时科学家推测，这只恐龙是因为在偷蛋的时候被原角龙发现了，原角龙就把它的脑袋打碎了。再看看这只恐龙的身体构造，它头部的形状就像鸟的头一样，嘴巴短小，嘴里也没有牙齿。它的食道正好在颌部最宽阔的位置，这种构造有利于吞吃一些大而圆的东西。它还有两根向下凸出的颌骨，如果是吃蛋的话，便于在咽下蛋的过程中把蛋壳弄碎。窃蛋龙的爪子长长的，也正好可以把一整个蛋稳稳地抱住。因此，结合科学家的推测和这只恐龙身体上的特点，它就被命名为“窃蛋龙”了。

不过，后来更进一步的研究表明，它被认为是偷蛋的恐龙完全是被冤枉的。1993 年，美国科学家发现一只窃蛋龙和一窝恐龙蛋的化石，这只窃蛋龙正蹲在这些恐龙蛋上，它的两条后肢蜷缩着，前肢则向外面伸展，一副保护恐龙窝的样子。这和现代的鸟类孵蛋时的姿势完全一样。科学家还根据窃蛋龙喙的特点推测它可能是杂食性的。人们这时才发现，之前是冤枉它们了。但是窃蛋龙的名字不能改变——看来偷蛋的恶名，它们会一直背下去了。

慈母龙为什么被称为恐龙里的“好妈妈”

在人们的印象中，恐龙常常是一副凶恶的样子，一点都不温柔，也不会照顾孩子。而实际上并非如此。在恐龙家族里，也有一些恐龙非常温顺，还很会照顾恐龙宝宝，它们被称作恐龙里的“好妈妈”。

这种被称作“好妈妈”的恐龙就是慈母龙，一种生活在白垩纪晚期的植食性恐龙。人们第一次挖掘出慈母龙的化石时，还在它的旁边发现了一个恐龙的巢穴。这个巢穴里有很多只小恐龙的化石。经过鉴定，这些小恐龙的母亲便是旁边这只恐龙。很显然，这只恐龙母亲是在照料幼崽。慈母龙是鸭嘴类恐龙，它们的食物主要是一些低矮植物的叶子和果实。实际上，鸭嘴类恐龙的家族观念是很强的，已经长大了的鸭嘴类恐龙还会照顾那些刚破壳而出的小恐龙。

它们会一直守在小恐龙的身边，保护它们不被其他恐龙吃掉，还会给这些幼崽找食物，并且喂给它们吃。就这样，大恐龙细心照顾小恐龙，直到小恐龙能够抵御危险，能够自己出去觅食为止。而慈母龙又是这类恐龙中最“和善”的恐龙家长，它们是最合格也是最温柔的恐龙母亲。人们在有慈母龙化石的地方经常能发现成窝的恐龙蛋化石，或者是一些嗷嗷待哺的小恐龙。恐龙蛋被产下以后，雌性恐龙就会精心照料恐龙蛋，日夜守护，不让危险靠近。等到恐龙宝宝被孵化出来，它们还会亲自喂养恐龙宝宝。

慈母龙正是因为这样照顾它们的下一代，非常有母爱，才被称为恐龙里的“好妈妈”。

▼ 慈母龙和它的恐龙宝宝

哪种恐龙叫声最大

恐龙是具有发声能力的，并且不同恐龙发出的声音大小高低各异。我们不禁要问：叫声最大的又是哪种恐龙呢？

科学家认为叫声最大的恐龙当属副栉龙。副栉龙大约生活在距今 7000 万年前的白垩纪晚期。中生代的北美洲地区曾经生活着很多恐龙，副栉龙也生活在那里。现在还没有发现很完整的副栉龙的化石。因此，人们只是推测它的身体长度在 10 米左右，体重大约 3 吨，身高大约 3 米，在恐龙中属于中等偏小的体形。它们的前肢比后肢短，平时使用后肢行走，但有时候也会前肢着地帮助行走。副栉龙是鸭嘴类恐龙的一种，我们知道鸭嘴类恐龙最大的特点便是那长在头上的各种各样的头冠，这些头冠很可能是它们发声的工具。副栉龙最有特色的自然是它头上的脊冠。脊冠呈弧形，从鼻骨处一直向后延伸，最长的有 1.8 米。脊冠的中间是一条狭长的通道，一直从鼻孔通向脊冠的末端，并且连通肺部。当副栉龙吸入空气的时候，空气从鼻孔进入，到达脊冠的底端以后回环从头部进入肺。呼出的空气也是沿着这个路径排出体外的。这样，当副栉龙要发声的时候，空气在里面的振动就会更加强烈。基于这些原因，副栉龙能发出非常大的叫声。

个子一般的副栉龙靠着独特的脊冠发出恐龙里最响亮的声音，是不是很奇特呢？

恐龙王国里谁最高

马门溪龙是脖子最长的恐龙，但不是最高的恐龙，因为它的脖子不能抬得很高，否则会很危险。那么，哪种蜥脚类恐龙能把脖子抬得最高，那它就是身高最高的恐龙了。它是谁呢？

它就是和古希腊神话中的海神波塞东有着相同名字的波塞东龙。波塞东龙又叫作海神龙，大约生活在 1 亿年前的白垩纪时期。它们主要活动在北美洲地区，最有可能生活在今天的墨西哥湾附近。当时该地区的风景和气候也很舒适，地形平坦开阔，食物及水源充足，并且敌害较少，非常适合居住。可以想见，当时的波塞东龙生活得多么滋润。波塞东龙的身体长度为 30 米左右，体重可能达到 50 多吨。波塞东龙身体和脖子的长度都不是恐龙里最长的，但是它却是最高的，这得益于它能把脖子抬得最高。波塞东龙的前肢比后肢长，它的肩膀可以离地 7 米。沿着这个态势，波塞东龙把尾巴压低，脖子便斜着向上，升高到 10 多米的高度。目前发现最高的波塞东龙有 18 米高，差不多 9 头大象叠在一起才有一只波塞东龙那么高呢。

如果波塞东龙生活在现在的话，哪怕你住在六楼，也可能只是看到窗户外面有头波塞东龙正睁着眼睛瞅着你呢。

▲ 波塞东龙

第二章

远古时期的离奇怪兽

5亿年前，象征生机的绿色开始零星地点缀我们如今所生存的这个星球。从低矮的苔藓和地衣，到高大茂盛的森林，足足经历了1亿多年。这些被喻为“地球之肺”的原始森林，不仅能够产生出大量的氧气，而且也是气候的调节器。同时，郁郁葱葱的树木也为各种动物提供了良好的庇护，源源不断地给它们供应可口的食物。在枝繁叶茂、生机盎然的森林里，生活着拥有“狼的牙齿”、“老虎斑纹”和“袋鼠的育儿袋”的凶猛野兽——袋狼，身为河马的祖先却身材较小的炭兽，被称为“铁甲武士”的雕齿兽，以及在天空翩飞的蝙蝠等。

这些动物在史前时代经过了哪些精彩的进化历程？那些消失在时间长河里的地球过客对如今的生物有着哪些影响？

带着这些问题，让我们走近史前时代！

锤鼻雷兽的鼻子有什么特点

雷兽是第三纪早期分布在北美洲和亚洲东部以及欧洲少部分地区的一支很繁盛的史前哺乳动物族群。它们是一种古老的大中型奇蹄类动物。在雷兽家族中，个头最大、最著名的要数锤鼻雷兽。

锤鼻雷兽最早出现在距今约 3650 万年的始新世晚期，主要分布在亚洲地区，它们的化石最早发现于中国的内蒙古。锤鼻雷

▼ 锤鼻雷兽

兽身长 5 ~ 6 米，身高在 2.5 米左右，相当于亚洲象的体形。锤鼻雷兽的头骨占据了全身约四分之一的长度，但脑容量却只有一个橘子那么大。庞大的身躯和较低的智商，使得锤鼻雷兽十分笨重，它们不能像犀牛一样快速行走，也不能做出富有震慑力的驱赶动作，只能缓慢地移动。再加上锤鼻雷兽用脚趾走路的习惯，以及以肌肉作为身体支撑的特点，使它们需要经常停下来休息。锤鼻雷兽的臼齿也有许多原始特征，不适合咀嚼较硬的食物，所以它们通常以柔软多汁的水生植物或树叶为食。

锤鼻雷兽高高耸立的鼻骨如此引人注目，以至于古生物学家最初还以为那些是哺乳动物的角，所以锤鼻雷兽又名“王雷兽”“大角雷兽”。但是在雷兽类动物的进化过程中，锤鼻雷兽的角随着时间的流逝而逐渐退去，而它们的大鼻子却凸显出来。别看这鼻骨又大又长，但并不坚硬，所以锤鼻雷兽通常不用它作为保护自己的武器，而是将鼻骨上的鼻孔用于在沼泽中呼吸。

双门齿兽灭绝的原因是什么

双门齿兽曾经是澳大利亚大陆上一种独特的动物，其独特性在于它是澳大利亚为数不多的大型食草动物，而且是当时大洋洲最大的陆地动物，也是迄今为止世界上最大的有袋类动物。

双门齿兽起源并消失于更新世时期，多分布在有丰富淡水资源的森林和灌木丛中，以植物为食。双门齿兽的名字来源于它的牙齿，即拥有两对门齿，上门齿靠前且粗大，上门齿后还有一对较小的门齿。双门齿兽的头骨长度为全身的三分之一，但由于它们长有可以减轻重量的窝孔，所以看起来并不笨重。双门齿兽家族中最早被发现的成员是丽纹双门齿兽，它同时也是家族中体形最大的成员。雄兽身长3～3.2米，身高超过2米，体重在3吨左右，比一辆小汽车还要重。

双门齿兽在这个世界上只存活了200多万年，关于它们灭绝的原因，众说纷纭。有人说因为那时的气候越来越干燥，水源和栖息地逐渐消失使它们无法继续生存；也有人认为早期人类到达澳大利亚之后，捕杀野兽，大面积烧荒，环境恶化，从而导致双

▼ 双门齿兽

门齿兽的灭绝。其实，不能说人类的活动直接导致了这种史前动物的灭绝，只能说人类的活动可能起到了加速的作用。因为即使没有人类的影响，它们也难以在越来越荒凉的大洋洲大陆上存活。

尤因他兽凶猛吗

恐龙灭绝之后，整个地球走进小型化的时代，很长时间都没有出现过如恐龙般庞大的动物。终于，在距今 3500 万年前的北美洲，尤因他兽接过了“巨兽”的接力棒。它们的化石最早发现于美国西部的尤因他山区，由此得名尤因他兽。除了在北美洲有所分布，在中国西北地区和蒙古国也发现了这种巨兽的踪影。

尤因他兽身长 4 米，肩部的高度在 1.6 米左右，体重达 2 ~ 3 吨，大小犹如一头犀牛。不但大小相似，尤因他兽长得也像犀牛，而且同样是植食性动物。它们还长有一副长达 30 厘米的獠牙，露在嘴巴外面，显得面目狰狞。然而，尤因他兽并不是看起来那么凶猛，它是温顺甚至有些胆小的大块头，它们很容易受惊，然后到处乱撞。这与尤因他兽用于自我保护的武器不够强大有关：首先，它们的脑容量很小，智商不高，容易惊慌失措；其次，它们头上的 6 对角有皮肤覆盖，所以在争斗中并不能派上用场；就连看起来很厉害的獠牙，也很可能只是用于求偶的工具，而非武器，甚至也不是用来在树皮里或者土壤下寻找食物的有力工具。

虽然尤因他兽只在地球上存活了短短的100多万年，但它拉开了哺乳动物“巨兽时代”的序幕，是名副其实的先驱。

砾爪兽有什么独特之处

我们通常所了解的大型食草动物，比如牛科、马科、鹿科动物，它们的脚上都长有蹄。可偏偏有这么一种食草动物，它们的脚上长的却是爪子，这就是身材魁梧的砾爪兽。

砾爪兽生活在5300万～530万年前的始新世到中新世时期，在北美洲、亚洲、非洲地区都有分布。最早的砾爪兽体形不像后来那么大，但是没过多久，进化神速的它们就变成了身长2.6～3米、肩高1.8～2.6米的庞然大物。砾爪兽的前肢长于后肢，脚上长着或细长或粗壮的爪子。骨骼结构和牙齿，都与同为植食性动物的马和犀牛相似。砾爪兽口中的犬齿和上门齿已不复存在，余下的门齿也经不起磨损和消耗，它们便以柔软的树叶为食。砾爪兽经常会在树干上蹭痒，时间一长，它们的身上就覆盖了一层厚厚的树脂，这层“铁甲”成为它们在争斗中占据优势的盾牌。

渐新世后期，也就是大概2300万年前，砾爪兽分为一类在丛林生活，另一类在草原生活的不同类群。丛林砾爪兽的脚爪较为细长，为了避免磨损，好让爪子在拉扯树枝以吃到树叶时发挥作用，它们竟然用脚趾的关节走路。草原砾爪兽的脚爪就相对粗壮多了，它们正常用脚掌走路，爪子会在必要时开掘泥土，寻找植物的根茎，作为主食灌木之外的“零食”。

跑犀是怎样自卫的

我们通常见到的犀牛，都是身材高大、四肢粗壮，头上长有1～2个坚硬的角的动物，它们在遇到敌人的时候，可以用自己的角来防御其他动物的攻击。今天，我们要认识的这种犀牛，无论是外部形态还是生活习性，都与现代犀牛相去甚远。

跑犀是犀牛科中最原始的成员，它们生活在距今5300万年的始新世到3300万年的中新世时期。跑犀的足迹遍布欧洲、亚洲、北美洲的森林或灌木丛，有时在确定了四周安全的情况下，它们也会到开阔的林地或河湖边散散步。跑犀的个头只有山羊那么大，身长在1米左右，长有灵活的脖子和细长的四肢，非常善于快速奔跑。跑犀身上具有许多原始特征，如前肢长有4个脚趾，比现代犀牛多1个，后肢长有与现存同类一样的3趾；长有锋利的门牙和犬牙，臼齿是适合咀嚼柔软树叶的低齿冠牙齿。跑犀的鼻骨上没有用来防御的角，所以在遭遇天敌时，它们只能借助四肢快速奔跑。

跑犀家族中最著名的成员是内布拉斯加跑犀和原蹄犀。内布拉斯加跑犀主要分布在北美洲，它们相对于前辈有所进化：牙齿可以吃更粗糙的食物；眼眶更大，视力更好，无论白天黑夜都能毫无障碍地行动。相比较来说，亚欧大陆上的原蹄犀则显得十分弱小，跟现代小狗差不多大小，它们的牙齿较为原始。

袋狮是狮子吗

生活在澳大利亚、喜欢抱着树不松手的考拉，那懒洋洋的样子人见人爱。不过你知道吗，这样温顺可爱的小动物，有一个极为凶猛的近亲——袋狮。除了考拉，袋狮还有一个亲戚，就是我们之前介绍过的大型食草类动物双门齿兽。

袋狮生活在 200 多万年前的更新世时期，作为迄今为止发现

◀ 考拉

的最大的有袋目动物，它们是澳大利亚大陆上不容小觑的一种猛兽。身长 1.8 米左右的成年袋狮有着结实的体格、强壮的四肢，它们的前肢比后肢长，头部相对于身体来说较小。袋狮得以傲视群雄的重要原因，就在于它们强有力的下颌和特有的两个发达的门齿，这两者相结合使袋狮具有超乎寻常的咬合力，任何动物都会因此而成为它们的“口下败将”。袋狮还有一对锋利的可对握的爪子，这也成为它们捕食猎物或者在林间攀爬的利器。

袋狮名字中虽然有“狮”字，可它并不是真正的狮子。首先，它是后兽下纲的有袋目动物，有育儿用的袋子；而狮子则是真兽下纲的食肉目动物，幼崽在子宫内发育完全。其次，袋狮的体重只有真正狮子的三分之一，但它所拥有的巨大咬合力与狮子不相上下。

5 万年前，甚至更近的时间里，最后一批袋狮消失在这片曾经属于它们的乐园中。人类活动的影响，加速了曾经的霸主的消失。

醉猿喜欢喝酒吗

我们听到“醉猿”这个名字，可能会猜测这是不是一种爱喝酒或者整日以醉态示人的动物。实际上，醉猿的名字来源于它最早的化石发现地——中国江苏省的双沟地区，著名的美酒之乡。1978 年，中国科学院的李传夔教授在这里考察时，发现了这种灵长类动物的化石，称之为“双沟醉猿”。

醉猿生活在2300万年前的中新世早期，在中国发现了两种醉猿的化石——双沟醉猿和东方醉猿。此外，在巴基斯坦也出土了一些醉猿的化石。这种身高70厘米左右的动物，与长臂猿的大小相当，但是手臂明显比长臂猿的短一些。这也使得醉猿在悬挂和跳跃上不如长臂猿灵活；不过，对于它们来说，从这棵树跳到几米开外的另一棵树上，还是易如反掌的事情。

虽然醉猿名字中有一个“猿”字，也曾经被认为是亚洲最早的古猿，但是经过对它们牙齿化石的考证，古生物学家断定醉猿既不是猿，也不是猴，而只是它们的近亲，与类人猿和人类的演化也没有关系。

巨儒艮是什么动物

童话故事《海的女儿》当中，有一只人身鱼尾的美人鱼，爱上了英俊的王子。然而，现实当中的“美人鱼”巨儒艮，可能会让大家失望了：它们不仅没有惊人的美貌，身材也硕大无比。但作为珍稀动物的巨儒艮，还是吸引了全世界的目光。

巨儒艮出现在2万～1.3万年前的更新世时期，它们大多聚集在北太平洋的沿岸地区，从日本一直到美国加利福尼亚州的蒙特雷湾，还有更北边的俄罗斯海域内，都能看到它们的身影。巨儒艮的身长为7～9米，属于巨型的海牛类动物。巨儒艮有肿大的乳头，常被错认为是人类的女性，因此也被认为是“现实中的美人鱼”。巨儒艮有两条60厘米左右的前肢，帮助它们在游泳时保持平衡和掌握方向，后肢则完全退化了。它们和现代海牛和海狮一样长着细长的胡须，通过胡须的触觉来感受周围的环境。巨儒艮没有牙齿，吃东西的时候需要上唇和质地坚硬的牙床配合咀嚼。它们会随着潮涨潮落移动，因为每当涨潮的时候，它们就能吃到潮水带来的大量海带和藻类。

巨儒艮是群居动物，它们的家庭观念很强，通常成对分布，雌性和雄性有着亲密、不可分离的关系。若是其中一只与另一只分开了，它们便会呼唤彼此，在同伴离去的地方不停地徘徊、不肯离去。

小贴士

在人类发现这种温顺的巨兽后不久，它们在人类疯狂的捕杀之下灭绝了。

鸭嘴兽有什么奇怪之处

大而扁平的嘴巴，脚趾上长有蹼，像海狸一样又长又宽的尾巴，通体覆盖着柔软而光滑的黑色毛发，看起来既像鸟类又像哺乳动物的奇怪动物是什么呢？没错，这长相奇特的动物就是鸭嘴兽。它们的祖先早在 1.8 亿年前的侏罗纪时代就出现了，那时恐龙还是世界的霸主。最初，鸭嘴兽的分布很广泛，随着哺乳动物的进化，一些古老的物种逐渐灭绝，唯有在隔绝的澳大利亚大陆上，鸭嘴兽得以保留至今。

鸭嘴兽同时具有爬行动物、鸟类和哺乳动物的特征。首先，它们的生殖孔和排泄孔为一个，属于单孔目；其次，它们以卵生的方式繁衍后代，即生蛋孵化，这些都与爬行动物和鸟类相同。同时，鸭嘴兽妈妈用乳汁哺育宝宝，这又是哺乳动物的典型特征。不过，鸭嘴兽喂食的方式有些不同。母鸭嘴兽没有乳头，幼崽想要吃奶的时候，母鸭嘴兽就仰面躺在地上，让宝宝们趴在自己的肚子上，吮吸从皮肤渗透出来的乳汁。而对于成年的鸭嘴兽来说，

▼ 鸭嘴兽

小鱼虾和昆虫的幼虫是它们最喜欢的食物。

鸭嘴兽还是游泳健将。它们用前脚的蹼划水，后脚的蹼掌握方向。光亮的毛发使它们入水后，身体不会完全湿透。它们没有耳道，只有一个小小的耳孔，游泳时就把耳孔关上，可以防止耳朵进水。

炭兽的皮肤是黑色的吗

你们在动物园里见过憨厚的河马先生吧？体形庞大的河马是现存最大的半水生动物，巨大的体形也让它们行动缓慢，所以大部分时候，它们喜欢一动不动地泡在水池里晒太阳。今天我们要介绍的动物是河马的祖先——炭兽。

▼ 河马

炭兽主要生活在距今4000万～250万年前的始新世晚期到中新世早期，它们的分布十分广泛，在亚洲、欧洲、非洲、北美洲都曾出现过它们的身影。炭兽皮肤的颜色确实比较黯淡，但它们的名字还是来源于最早的化石发现地——欧洲第三纪的褐煤层。炭兽的体形比它的后代河马要小，但身长2米、肩高1.2米的它们也绝不是娇小瘦弱的家伙。炭兽的骨骼结构和牙齿也与河马相似，尤其是宽大的下颌骨。炭兽共有44颗牙齿，每颗臼齿上都有5个半新月形的齿冠，犬齿发达且锋利。炭兽喜欢在水中寻找柔软多汁的水草和苔藓，这些植物足够填饱它们圆圆的大肚子。

中新世晚期，炭兽家族逐渐衰落，仅剩的一支后炭兽中有一部分演化成了今天我们见到的河马。不可思议的是，河马同它们的祖先炭兽共同生活了很长一段时间，巴基斯坦出土的900万年前的化石，证明了河马和炭兽曾经共同生活过。然而，炭兽不会想到，“本是同根生”的河马一直存活至今，而自己永远在这个地球上消失了。

两栖犬是什么动物

一般来说，两栖动物是指能够在水陆两种环境之中随意转换生活方式的动物。不过有一种名为“两栖犬”的动物，并不是因为它可以转换环境生活得名，而是因为根据它们“四不像”的身体结构和生活习性，人类无法将它们定义为单一的物种。于是，人们便用“两栖”表示这种“类种模糊”的动物。

两栖犬也叫“半犬”或“古犬熊”，生活在3000万年前的渐新世末期至1400万年前的中新世早期，欧亚大陆和美洲大陆的大平原是它们栖息的乐园。两栖犬身形高大且粗壮，身长在2米左右，体重为120 ~ 340千克。两栖犬的颈部和尾巴比较厚实，肩部肌肉也很发达，四肢强壮有力，这表明它们是善于奔跑的动物。两栖犬脚趾上长有锋利的脚爪，可以协助它们抓捕猎物。两栖犬经常会捕捉一些小型哺乳动物，然后用尖利的牙齿将它们撕碎。此外，两栖犬也会时不时地改变一下口味，寻找纯天然的植物作为佐餐，自己配出营养丰富、荤素搭配的美食。凶猛的本性、强壮的身躯、敏捷的狩猎技巧，奠定了当时两栖犬在草原上的霸主地位。

两栖犬长得像狗，尖利的牙齿与狼相似，粗壮的身躯和杂食的生活习性又显示出它们与熊类动物有亲缘关系，所以很难将两栖犬归于某一个类属。这种综合各种凶猛食肉动物优点的动物，在史前时代乃至现代都不多见，因此格外引人注目。

雕齿兽为什么有“铁甲武士”之称

200多万年前，位于南美洲的潘帕斯草原上生活着一种身躯庞大的贫齿类动物。它们拥有7 ~ 8颗终生伴随的拱形臼齿，这些牙齿上布满了一条条深沟，如同刻刀雕出来的一般，由此得名雕齿兽。这些大家伙平均身长在4米左右，隆起的背部最高可达2.5

米，体重 1 ~ 2 吨，跟我们今天的小轿车差不多重。

雕齿兽身上最突出的特点是它有一身全副武装的“铠甲”。雕齿兽上至头颅、下至尾巴，都覆盖着厚厚的鳞甲。这些鳞甲不仅形成了天然的御敌屏障，刀枪不入，而且是整个动物化石得以完整保存的重要保证。虽然从外表看起来，戴着“铠甲”的雕齿兽略显笨重，但实际上，它们特殊的身体构造，使得它们行动并不缓慢。雕齿兽的甲壳和骨骼结构没有关系，而是在表皮结构上形成的坚硬骨片和角质化硬皮，所以它的鳞甲可谓“刚柔并济”，既坚不可摧，四肢和尾巴又能灵活地变形和摆动，在这点上和它们的近亲犰狳极为相似。

槌尾雕齿兽是雕齿兽中的巨人，它拥有一条 1 米多长的尾巴，上面布满尖锐的刺，如同一把“流星锤”，能让任何猛兽退避三舍。然而最新的研究发现，槌尾雕齿兽让敌人“闻风丧胆”的尾巴上

▼ 槌尾雕齿兽

很少有打斗的痕迹，这表明这些看似很猛的武器，可能只是雄兽用来求偶的工具。

袋狼的外形有什么特点

我们所熟知的“四不像”是指生长在中国的一种世界珍稀动物麋鹿，它们因为头、脸像马，角像鹿，脖子像骆驼，尾巴像驴而得名。在久远的史前时代，还有另一种有着“四不像”之称的动物——袋狼。与温顺食草的麋鹿不同，袋狼则是一种凶猛的食肉动物。

袋狼生活在距今 400 万年前的上新世时期，曾经分布在新几内亚的热带雨林里和澳大利亚的草原上。但在大约 5000 年前，袋狼家族在与澳洲野犬争夺领地的斗争中落败，之后仅存在于澳大利亚的塔斯马尼亚岛上。袋狼身长 1.3 米左右，还有一条长达 61 厘米的尾巴；肩高约为 0.5 米，体重在 40 千克左右，在食肉动物中算中等身材。袋狼拥有一副可以张开 180 度的下颌，强大的咬力能够轻易刺穿猎物的颈部。它们喜欢趁着夜色，潜伏在树上或草丛里，对猎物发动突然袭击。

袋狼之所以被称为“四不像”，是因为它们的头和牙齿与狼类似，身上又有和老虎一样的斑纹，它们可以像鬣狗一样用强有力的四肢奔跑，也可以像袋鼠似的跳跃前进，并有育儿袋，以至于它们的名称中拥有以上各种动物的名称，如塔斯马尼亚虎、塔

▶ 袋狼

斯马尼亚狼、斑马狼等。如此博采众长的珍稀动物，最终大批地消失在人类的猎刀下。就连最后一只袋狼，也因为动物园管理员的疏忽，在烈日下艰难地走完了自己生命的最后一程。

平头猪是猪吗

平头猪的得名来自于它们的外形和习性与猪类动物相似，但实际上它们和猪的关系并不像看起来那么亲近。平头猪属于西貒科动物，西貒也是一种很像猪但又不是猪的哺乳动物。

平头猪生活在距今 300 多万年到 1 万多年前，分布在美洲大陆的各个地方。虽然从外表看，它们好似猪形动物，但仔细观察，还是不难发现它们和猪的区别：平头猪体形较小，肩高 1 米左右，它们的后脚上有三个脚趾，比猪少了一个；平头猪的头部短而高，它们的獠牙向下弯曲，与野猪的獠牙方向正好相反；平头猪还有穴居的爱好，很多它们的骨骼化石都是从洞穴里发现的；平头猪是非常典型的杂食性动物，会吃各种植物、小动物，甚至动物尸体，只要能填饱肚子，它们从来都不挑食。不过，平头猪最爱吃的还是埋在土里鲜嫩多汁的植物根茎，要是遇上有大块根茎的植物，它们的獠牙就会发挥作用，左右开弓把泥土翻个底儿朝天，接下来就可以美美地享受一顿大餐了。

别看平头猪小，它们可不是好惹的家伙，不仅长得十分凶悍，性格也非常暴躁好斗。光是那两颗露在外面且锋利的獠牙，就足以让如剑齿虎一样的猛兽避开它了。再加上其秘密武器——臭腺，不管多厉害的食肉动物都不敢靠得太近。

远古时期的兔子是什么样的

“小白兔，白又白，两只耳朵竖起来。爱吃萝卜和青菜，蹦蹦跳跳真可爱。”这首我们从小唱到大的童谣，生动形象地描述了一种可爱温顺的动物——小白兔。你知道远古时候的兔子是什么样的吗？

钉齿兽是史前时期兔形动物家族的一名成员，它们出现在

5500 万年前的始新世早期，如今的中国和蒙古地区曾是它们生长的家园，第一块完整的钉齿兽化石发现于蒙古的内梅戈特盆地。钉齿兽的后腿长度是前腿的两倍以上，这与如今兔子的骨骼结构相似，借此它们可以活泼地蹦跳。钉齿兽的门齿也和现代兔子很像，它们的牙齿都会不停地生长，因此它们必须不停地啃食植物，才能把牙齿磨平。

实际上，钉齿兽化石的发现不仅有助于研究早期的兔形动物，它还将松鼠一类的啮齿动物与兔类联系起来，它们二者很可能拥有共同的祖先。因为钉齿兽不仅与现代的兔子有相似之处，与现代的松鼠联系也十分密切。钉齿兽的牙齿有牙尖和牙根，这和松鼠乃至我们人类都是一样的。钉齿兽还有又长又粗的尾巴，这可跟兔子又小又短、几乎看不见的尾巴不一样，反而更像松鼠的尾巴。还有钉齿兽耳朵里多骨骼的构造，也和啮齿类动物比较相似。

为什么安氏中兽被称为“披着狼皮的羊”

在史前时代，有一类肉食性动物以自身体形巨大而在猛兽界立足，它们就是世界上有史以来最大的陆地杂食类哺乳动物——安氏中兽。

安氏中兽最早出现在 3800 万年前的始新世晚期，它们主要分布于今天蒙古国的曼汗附近，以最早的化石发现者安德鲁斯之名命名。之后在亚欧大陆的其他地方发现了安氏中兽的近亲，如中国的河南安氏中兽和粗壮安氏中兽。安氏中兽的身长在 6 米左右，巨大的嘴巴长达 1 米，体重在 1 吨以上。如此庞大的身躯，还配有长而弯曲的犬齿，足以让其他动物闻风丧胆。然而，安氏中兽尽管有这样得天独厚的凶猛造型，却并不是可怕的掠食者。因为它们的牙齿粗大但不锐利，四肢善于快速奔跑却不适合捕猎，所以它们通常以动物尸骸为食，强有力的上下颌可以轻松咬碎死去的动物的骨骼。为了让自己巨型的身体得到充足的营养和能量，安氏中兽的食物种类也多种多样，包括一些小昆虫和鲜美多汁的植物。

安氏中兽的外形像一只面目狰狞的大狗，但四肢上长有蹄，而不是食肉动物常有的爪子，所以在亲缘上更接近绵羊或者山羊。因此有人戏称安氏中兽为“披着狼皮的羊”。

负鼠为什么会装死

还记得动画片《冰河世纪》中可爱搞笑的负鼠兄弟吗？这种长相酷似老鼠的小动物生长在美洲大陆上，多以昆虫、蜗牛等小型无脊椎动物为食，也吃一些植物性食物。由于负鼠具有超强的适应能力，美洲负鼠已经在地球上存在了 7000 万年左右。它们在生活习性上更接近今天澳大利亚的袋鼠——因为负鼠妈妈也有一个别致的育儿袋，小负鼠在其中受到贴心的保护和照顾。

性情温顺、体形较小的负鼠（通常在 40 ～ 50 厘米）往往会成为捕猎者的捕猎对象。长期处于危险的境地下，负鼠家族修炼成一种“装死”的功夫，这种功夫会在马上要被猛兽抓到时表现出来。它们会立即倒在地上，皮肤颜色变淡，体温下降，舌头伸出，肚子变鼓，呼吸和心跳中止，身体剧烈抖动，甚至会从肛门旁边的臭腺里排出一种恶臭的黄色液体，制造出“惨死”的假象。饥饿的捕食者这时只能怪自己运气不好，摇摇头悻悻地走开。

有人认为把负鼠的行为说成“装死”并不公平，因为它们当时确实是被吓晕了。但据科学家对负鼠大脑的研究表明，负鼠的大脑处于“装死”状态时，一刻都没有停止运作，反而运作效率还会更高。这样一来，负鼠“骗子”的称号可就名副其实了。

负鼠“装死”的把戏之所以屡试不爽，是因为任何捕食者都不会贸然接近刚刚死去的猎物，何况是这么突如其来的死亡。在敌人还没有反应过来的时候，聪明的负鼠就已经逃脱了。

恐狼与今天的狼有什么区别

“恐狼”这个名字，让人很容易就把这种动物与食肉和凶猛联系在一起。没错，恐狼的确是这样一种以捕食大型动物为生的史前哺乳动物，它们生活在冰河时代的北美洲，距今约 40 万年。作为有史以来最大的犬科动物，恐狼在抢夺食物和捕猎不善奔跑

◀ 恐狼

的大型动物时占有绝对的优势。因此，它通常以北美野牛、地懒、西方马和大中型鹿类为食。1854 年，在美国印第安纳州的鸽子河河口发现了第一个恐狼化石；大部分的恐狼化石在美国加利福尼亚州的拉布雷亚沥青坑中被发现。

在大小上，恐狼与今天的狼没有很大的差别。身长为 1.5 ～ 2 米，肩高 1 米左右，平均体重在 50 千克，最大的可以接近 80 千克。不过在外形上，恐狼比今天的狼更加短粗强壮，拥有更为宽阔的肩膀和大而且重的脑袋，下颚组织更大，牙齿也更强劲有力。可别以为恐狼的脑袋更大它就比现代狼更聪明，恰恰相反，它的智力逊于现代狼。智力低也许就是 3600 多只恐狼不计后果地跳入拉布雷亚沥青坑中捕食猎物而丧命的原因。

冰河期即将结束的 1 万年前，也就是在人类踏入美洲新大陆不久之后，恐狼就灭绝了。关于灭绝的原因，有的观点认为是其他大型动物的灭绝，导致恐狼失去了食物；有的科学家猜测可能是人类带来了亚洲的新型病毒细菌，它们无法抵御。

远古骆驼也生活在沙漠中吗

有“沙漠之舟”称号的骆驼，以耐旱、耐渴著称，是在沙漠地区生活的典型动物之一。它们背上有一个或两个标志性的驼峰，用于储存水分，保持体力。不过，远古的骆驼也生活在沙漠中吗？

答案是否定的。与现代骆驼不同，远古骆驼大多生活在气候

◀ 现代骆驼

湿润、水源充足的森林和草原上，高脚骆驼便是其中的一员。高脚骆驼活跃于 5500 万 ~ 3400 万年前的始新世时期，因为长有修长的四肢而得名，是一类善于奔跑的动物。高脚骆驼的身高在 2 米左右，有长长的、可以弯曲的脖子，虽然没有长颈鹿的脖子那么长，但它们也喜欢吃嫩树枝和树叶。在吃东西的时候，高脚骆驼会踮起后腿，将两只前腿扒在树枝上，以弥补自己身高的不足，从而吃到更多的树叶。

在 500 万 ~ 260 万年前的中新世晚期到更新世早期，在北美洲的大草原上，出现了一种比高脚骆驼更高大健壮的驼类动物——巨足驼，也叫泰坦驼。它们身长在 4.3 米左右，身高在 3.5 ~ 4 米。与现代骆驼在沙漠中吃草的习性不同，巨足驼和其他远古骆驼一样，凭借身高和修长的四肢，以柔软多汁的树叶为食。但与它们的后代一样，在遇到危险时，它们都会非常勇猛地反击，巨足驼还能快速奔跑将敌人甩掉。

第三章

不可思议的濒危动物

在北京南海子麋鹿苑内有一座特殊的墓地——“世界灭绝动物墓地”。这是一座仅有墓碑的墓地，空荡的坟冢，如多米诺骨牌般倒塌在地的墓碑，那些写在墓碑上的动物物种已经永远在地球上消失了。近 300 多年，一种又一种的动物在人类的影响下从地球上消失，这是多么令人心痛、令人遗憾的事啊！而今时今日，还有越来越多的动物面临着即将灭绝的危险。究竟什么样的动物才能被称为“濒危动物”？濒危动物目前的状况怎么样？就让我们一起开始认识濒危动物的旅程吧！

濒危动物知多少

熊猫、老虎、狮子、大象……这些都是人们所熟知的濒危动物，只要一提到“濒危动物”这个词，人们的脑海中就会浮现出它们的名字。但是，我们要告诉你的是，世界上的濒危动物远远不止这些。

热带雨林是得天独厚的自然宝库，这里不仅有地球上最茂密的森林，也生活着众多奇妙的雨林动物。然而，随着雨林面积的急速缩小，一些生活在这里的动物也遭受到了生命的威胁。例如，身材小巧却极善跳跃的跗猴，用美丽武装自己的箭毒蛙，高级灵长动物黑猩猩，还有如猴子般灵敏的蜜熊……

草原虽然没有雨林物种繁多，但茂密的青草和广阔的土地还是为许多大型动物提供了良好的居所。可是，随着土地荒漠化的加剧，草原也渐渐失去了昔日的生机。牦牛和羚羊没有了踪影，狼群被人们捕杀殆尽，就连百兽之王——狮子也没有逃脱濒灭的命运。现如今，只有印度和撒哈拉沙漠以南的草原上有少量野生狮群活跃着。

比起陆地，海洋里的动物群体更为庞大，它们形态多样，种类繁多，从用肉眼无法看见的微生物，到大如海岛的鲸鱼，一应俱全。造成海洋动物濒危的主要原因则是海洋污染和过度捕捞。海獭、儒艮、革龟、抹香鲸、虎鲨、珊瑚……这些或温顺、或凶猛、或可爱、或美丽的海洋动物正在渐渐离我们而去。此外，还有一些濒危动物生活在其他江河湖泊、山林原野之中。

据统计，全世界有593种鸟、400多种兽类动物和209种两栖爬行动物正处于灭绝的边缘。

如此看来，世界上的濒危动物真的不少，或许以后，我们只能在图画或照片中才能看见它们的身影了。

蝙蝠会长出“猪鼻子”吗

说到蝙蝠，大家会想到什么？可怕的夜行动物、吸血蝙蝠、丑陋的大鸟……说到猪，大家会想到什么呢？非常能吃的动物、

▼ 猪鼻蝙蝠

会发出哼哼声、猪八戒……如果我们给蝙蝠安上了一个“猪鼻子”，你还会害怕它吗？

柚木，一种长在热带地区的高大乔木，是制作家具和装饰房屋的常用材料，以泰国、缅甸和印度尼西亚的柚木最为有名。柚木与我们今天要说的蝙蝠有什么关系呢？告诉你吧，因为这种长着“猪鼻子”的蝙蝠就生活在泰国的柚木树林附近的石洞中，是泰国特有的哺乳动物。猪鼻蝙蝠的鼻子扁平且向上翘，就像是猪鼻子，看起来十分滑稽可爱。它还是世界上最小的蝙蝠，体长为3厘米，张开双翼时的长度则可达16厘米。蜂鸟是世界上最小的鸟类，最大的巨蜂鸟体长达21.5厘米，而最小的吸蜜蜂鸟只有5.6厘米长。因为猪鼻蝙蝠的大小与蜂鸟差不多，所以它又被称为“大黄蜂蝠”。

见到猪鼻蝙蝠，你完全不用害怕，它从来不会对人类发起攻击。与其他蝙蝠相比，猪鼻蝙蝠实在是太弱小了，所以它们大多成了其他蝙蝠口中的食物。另外，由于市场上对柚木需求的增多，大量的森林被砍伐，猪鼻蝙蝠的栖息地也被大肆破坏。据了解，全世界现存的猪鼻蝙蝠不超过200只。

小贴士

虽然在现代人的眼里，蝙蝠的外形并不美丽，但在中国古代，因为“蝠”与“福”同音，蝙蝠图案被大量印在器皿、服饰之上，蝙蝠在中华传统文化中可是寓意着幸福呢！

埋葬虫可以埋葬垃圾吗

有这样一种虫子，它以动物的死尸为食，在进食的时候，它们总是不停地挖掘动物尸体下面的土地，渐渐地就将动物的尸体埋在了地下。因此，人们给它起了一个十分有意思的名字——埋葬虫。

全球大约有 175 种埋葬虫，不同地方的埋葬虫长得都不太一样。它们有的是黑色的，有的是黄色的，有的是红色的，还有的有好几种颜色。埋葬虫的大小各异，平均体长是 1.2 厘米，柔软扁平的身体使其在动物尸体底下爬行起来十分方便。

埋葬虫的头部有两个触角，不是很长，但触角顶端有些粗大，是它们用来分辨气味找寻食源的工具。喜欢采集昆虫标本的人要注意了，虽然埋葬虫的移动速度不是很快，但若直接用手去捉的话说不定会吃亏。这是为什么呢？原来啊，当埋葬虫感觉到自己受到攻击的时候，它就会排出一大堆散发着浓郁腐烂气味的粪液，以此来驱赶敌人。你若徒手去抓，说不定就会沾上这腐臭的粪液。

既然埋葬虫可以埋葬动物尸体，那么它会不会埋葬其他垃圾呢？野外的垃圾堆中不是也偶尔会见到它们的身影吗？如果你这么想，那可就错了。尽管埋葬虫会去垃圾堆附近寻找食物，但它是去寻找腐烂的鸟兽尸体的，其他垃圾并不是它们喜爱的食物。因此，在一般情况下，埋葬虫是很少会埋葬垃圾的，除非垃圾与尸体在一起。

不得不说，在净化环境方面，埋葬虫做出了很大的贡献。但目前地球上埋葬虫的数量在急剧减少，已被列入《世界濒危动物红皮书》，如果有一天埋葬虫从地球上消失了的话，这些腐烂的动物尸体将由谁来接管处理呢？是人类吗？

小贴士

埋葬虫在取食的时候，经常会成群地汇聚在尸体旁边，并且会不停地挖掘尸体下面的土地，最后不自觉地就挖了一个坑把尸体埋葬在了地下，埋葬虫也因为这一习惯而得名。

▶ 埋葬虫

龙猫是猫吗

龙猫是猫吗？没有见过龙猫的人，一定会被龙猫的名字所误导，认为它是一种猫。但实际上，龙猫是一种栗鼠，它的外形与老鼠有些相似。在最受人们喜爱的宠物排行榜上，龙猫可是仅次于哈士奇排行第二的动物呢！

龙猫的学名叫作“南美洲栗鼠”，又名“毛丝鼠”。为什么会给一只鼠取名为猫呢？这是中国人的叫法。原来啊，人们发现这只可爱的小宠物无论是相貌还是神态，都与动漫作品《龙猫》中的主人公龙猫十分相似，于是，“龙猫”就渐渐成了毛丝鼠的别名。

虽然市面上有金色龙猫、米色龙猫、银斑龙猫等十几种龙猫，但这些都是后来人工培育的品种，它们已经不属于野生动物的范畴了。野生龙猫只有在南美洲的安第斯山脉才可以找到，它们分长尾和短尾两种，区分的标准就是它们尾巴的长短。与短尾毛丝鼠相比，长尾毛丝鼠的绒毛更加蓬松，看上去毛茸茸、胖乎乎的，十分可爱。我们平常所见到的宠物龙猫就是在长尾毛丝鼠的基础上培育而来的呢！

◀ 长尾毛丝鼠

龙猫的前肢短小，但后肢却粗壮，吃东西的时候，它是用两只“手”抓着吃的。别看龙猫只有几十厘米长，但它的跳跃能力却不容小觑，曾有一只龙猫跳到 1.8 米的高度呢！是不是鼠也不可貌相呢？

小贴士

在漫画家宫崎骏的笔下，龙猫是与人为善的深林守护者，但在现实生活中，野生龙猫却因为人类对其皮毛的垂涎而濒于灭亡。人类什么时候才能学会爱护身边的伙伴呢？

山地大猩猩为什么会成为濒危动物

在 2008 年美国“生活科学”网站公布的全球十大最濒危的稀有动物物种中，山地大猩猩被列为其中之一，这一生活在非洲丛林里的“猿猴巨人”正面临着严峻的生存灾难。

位于非洲中部的维龙加山脉为野生山地大猩猩提供了最后的避难场所。与其他大猩猩相比，山地大猩猩的毛又长又黑，即使是在海拔 2000 米以上的高山地带，它们也能很好地适应山上寒冷的气候。白天是山地大猩猩的活动时间，为了支撑起庞大的身躯，山地大猩猩所需的能量也很多。你们知道吗？一只成年雄性山地大猩猩一天可以吃掉 34 千克植物，这可相当于十几个人的饭量啊！好在山地大猩猩从不挑食，不论是树枝、树叶，还是树皮、树根，它都爱吃！

山地大猩猩对于食物十分依赖，哪儿植物多，它们就会迁移去哪儿。所以，森林的毁坏对于山地大猩猩族群来说是十分致命的，它们很快就会因为没有食物而大量死亡。

生活在维龙加山脉的山地大猩猩是幸运的，因为这是世界上仅剩的可以供它们栖居的场所。但它们同样也是不幸的，因为它们所处的位置是非洲政局最混乱的地方，政府没有精力也没有金钱来保护它们，所以，也就放任了山地大猩猩的濒灭程度不断加重的状况。

今天，全球只有不到 600 只的野生山地大猩猩，如果再放任它们自生自灭的话，要不了几年，这种珍稀的动物将永远与我们说再见了。

▼ 山地大猩猩

苏门答腊虎会步爪哇虎的后尘吗

地球上曾经一共生活了 9 种老虎，其中有 3 种出自印度尼西亚。但是，最后一只巴厘虎和最后一只爪哇虎已经分别于 1937 年和 1983 年死去。而仅剩的苏门答腊虎呢？虽然没有灭绝，但现状也堪忧，人们担心它会成为继爪哇虎之后第四个灭绝的老虎物种。

苏门答腊岛是印度尼西亚的第二大岛屿，占据着印尼四分之一的土地，岛上生活着众多的珍稀野生动物。但如今，随着当地政府对岛上热带雨林开发的加剧，动物的生存范围正在日益缩小。造纸业是促进苏门答腊岛经济发展的支柱企业，但生产的纸张却是以砍伐大量的雨林为代价的。从 2009 年中期到 2011 年中期，有三分之二的苏门答腊虎栖息地因为油棕和浆纸林种植园的扩张而被破坏。在日益破碎的热带雨林里，苏门答腊虎艰难地寻找着有树林遮蔽的地方生活。

巴厘虎和爪哇虎相继灭绝后，苏门答腊虎便成了印尼仅剩的老虎亚种，但就连这唯一的老虎，人们也不放过。在印尼，老虎贸易一直都很兴盛，尤其是苏门答腊岛当地，大街小巷随处可见虎骨、虎爪、虎齿等制作的护身符和纪念品。一些商人甚至专门从国外赶到苏门答腊岛，就为了购买虎皮和虎骨。难以想象，长此以往，苏门答腊岛上还会剩下几只老虎！更何况，现存的野生苏门答腊虎已经不足 500 只了。

▲ 苏门答腊虎

苏门答腊虎真的会灭绝吗？如果人类再不禁止老虎贸易的话，不仅苏门答腊虎会步爪哇虎的后尘，连剩下的 5 种老虎也会很快从地球上消失。

箭毒蛙究竟有多毒

神秘的热带雨林中，生活着许多你想象不到的野生动物。雨后的草丛里，一只美丽的青蛙正蹲在那儿休憩，看它那一身耀眼的皮肤，即使是在树丛的遮掩下，也依然艳丽夺目，它就是丛林中多彩的“杀手”——箭毒蛙。

▲ 箭毒蛙

箭毒蛙和所有的蛙类一样，喜欢生活在阴暗潮湿的地方，但它的外表却是与阴暗相反的鲜艳明亮。它们当中，有的穿着红色的“外衣”，有的披着宝蓝色的“晚礼服”，有的穿着青黑相间的“迷彩装”，还有的身着金色的“外套”，十分显眼。箭毒蛙就不怕被天敌发现吗？原来啊，在它们缤纷的外表下，隐藏着满含杀机的“秘技”。当遇到危险的时候，它们的皮肤就会分泌出一种白色的液体，这种液体是一种毒性非常强的毒素，足以杀死任何动物。所以，在热带雨林，箭毒蛙根本不用畏惧任何动物，它那一身华美的外衣，似乎就是在警示其他动物不要来招惹自己。

在美洲的热带雨林里，有超过 175 种的箭毒蛙，但并非所有的箭毒蛙都含有剧毒。生活在哥伦比亚西北部的金色箭毒蛙是世界上最毒的青蛙，任何人或动物，只要与它有皮肤接触，都会中毒而死。一只金色箭毒蛙体内所储存的毒素足足可以杀死 2 万多只老鼠呢！所以，到中美洲和南美洲的热带雨林里探险的人们，如果没有捕捉箭毒蛙的经验的话，一定要与这一毒物保持距离！

目前箭毒蛙的数量由于各种原因正在迅速下降，许多蛙种被列入了濒危物种名单，如果人类不采取保护措施的话，也许在未来的某一天，我们的后代只能在博物馆看到这种美丽又令人敬而远之的“小毒物”了！

小蓝金刚鹦鹉几乎灭绝的原因是什么

还记得 2011 年上映的动画片《里约大冒险》里那只不会飞的蓝色鹦鹉“布鲁”吗？你知道布鲁为什么会称自己是世界上最后一只蓝色金刚鹦鹉吗？还有，那些坏人为什么想要将布鲁据为己有呢？下面，就让我们通过现实中的蓝金刚鹦鹉来解答这些问题吧！

布鲁的原型是原本生活在巴西东北部的小蓝金刚鹦鹉，又名斯比克斯鹦鹉。1819 年，一位名叫斯比克斯的德国自然历史学家首次发现了这种鹦鹉。此后，人们又在哥伦比亚、委内瑞拉、圭亚那、厄瓜多尔、秘鲁等多个国家发现小蓝金刚鹦鹉。

热带雨林是小蓝金刚鹦鹉的栖居地，由于人们对雨林的过度

▲ 小蓝金刚鹦鹉

开发，导致了小蓝金刚鹦鹉的家园被破坏，生存区域逐渐缩小。而巴西政府从非洲引进的杀人蜂又杀死了大量小蓝金刚鹦鹉，造成了小蓝金刚鹦鹉族群的再次缩小。但这都还不是导致小蓝金刚鹦鹉几乎灭绝的主要原因，真正让它们濒于灭绝的是屡禁不止的盗猎行为。到 1986 年，世界上只剩下 3 只野生斯比克斯鹦鹉了。其中一对是夫妻，另一只是孤鸟。而这仅剩的 3 只鹦鹉却在之后的十几年中陆续被偷盗者抓走了，它们的下场不得而知。2000 年是斯比克斯鹦鹉最悲痛的一年，因为在这一年，最后一只野生斯比克斯公鸟失踪了。至此，小蓝金刚鹦鹉在野外绝迹，仅剩下 60 只左右的驯养鹦鹉。

布鲁为什么会认为自己是地球上最后一只蓝色金刚鹦鹉

呢？因为现实中小蓝金刚鹦鹉处于极度濒危的状态，种群繁衍现状堪忧。而那些想要抓走布鲁的坏人就是现实生活中盗猎小蓝金刚鹦鹉的偷盗者，他们受金钱和利益的驱使而置动物的生死于不顾。

北极熊为什么变瘦了

我们都知道，老虎是森林里的霸主，别的动物见了它都会落荒而逃。而生活在北极的北极熊无疑是冰上的王者。好奇的你有没有想过，如果北极熊和老虎打架，谁会是胜利的一方呢？

这是一件很难实施的事，因为老虎去不了北极，而北极熊也到不了老虎栖息的森林。但有一点是可以确定的，那就是北极熊有着连老虎都会羡慕的健壮身躯。北极熊是陆地上第二大食肉动物，排在它前面的是它的表亲科迪亚克棕熊，一只成年的北极熊体重可以达到 550 千克以上。在这 550 千克的身体里，有 60% 都是脂肪，正是有了这些脂肪，北极熊才可以在北极生存下去！它不仅是北极熊抵御寒风的保暖层，还是它们休眠时的能量来源。但现在，我们却很少能看到健壮的北极熊了，这是为什么呢？

我们都知道，北极是没有大陆的，只有一些海岛和常年冰封的海洋。北极熊以浮冰为家，靠捕猎海豹和鱼类为生。但全球气候变暖不但使北极冰川融化，还影响着北极熊食物的生存环境。

海豹虽然常年生活在水下，但到了哺乳季节，母海豹会爬到岸上或浮冰上来生育幼崽。没有海冰意味着海豹幼崽将面临着一出生就被淹死的命运。缺少食物的北极熊就这样日渐消瘦下去。为了寻找食物，北极熊往往要在水里游上好几天，如果中途没有遇上浮冰可以歇息一下的话，它们最后只能精疲力竭地死在海里。为了生存，北极熊内部甚至出现了自相残杀的现象——它们开始以同类为食。

有人预言北极熊会在 21 世纪灭绝，你觉得这是危言耸听吗？

▼ 饥饿的北极熊

白鲟为什么会有很多个名字

鲟鱼是世界上现存最古老的鱼类之一，它的存在，可以追溯到距今 2 亿多年前的白垩纪时期，是当之无愧的“水中活化石”。中国的鲟鱼资源较为丰富，除了我们熟知的中华鲟之外，还有匙氏鲟、达氏鲟、白鲟等 7 种鲟鱼。今天，我们来说一说我国的国家一级保护动物——白鲟。

与其他鲟类相比，白鲟的颜色较浅，近似灰白色。它是匙吻鲟的一种。为了与国外的匙吻鲟鱼区别开来，人们通常会在它的名字前面加上“中华”二字。与一般匙吻鲟凸起的木桨状的嘴巴不一样，白鲟的吻部平直如剑，所以，白鲟又被称为“中国剑鱼”。生活在长江中下游的白鲟，是沿岸渔民捕捞的对象。四川民间就有“千斤腊子万斤象”之说，其中“象”指的就是白鲟。我们都知道大象的鼻子非常之长，而白鲟的嘴巴也很长，所以在民间，人们就以“象鱼”“象鼻鱼”来指称白鲟。白鲟的名字还真是多啊！

在古代，白鲟被称为“鲔”，曾广泛生长在长江流域内的江河湖泊之中，但现在，白鲟却几乎已经绝迹。由于长江流域生态环境的恶化，导致白鲟可以生存的范围越来越小，再加上渔民的过度捕捞，早在 20 世纪，白鲟就已经被列入濒危动物的名单中了。

虽然人们已经认识到了保护白鲟的迫切性，但长江流域的水

◀ 白鲟纪念邮票

坝和屡禁不止的捕捞行为仍然是白鲟生存繁育的障碍。如果我们无法为白鲟营造一个没有污染、没有伤害的家园的话，那么在不久的将来，白鲟将彻底从地球上消失。

谁号称“动物王国的潜水冠军”

在没有任何装备的辅助下，一般人潜水可以下沉到距水面 10 米左右的深度，世界吉尼斯纪录是 162 米。但如此的纪录，比起抹香鲸可就差得远了。

也许有人说，抹香鲸本来就是生活在海里的，潜水不就是它的本能吗？但是，抹香鲸可不是鱼类，它和人类一样用肺呼吸，每隔一段时间就需要浮出水面换气。每种鲸鱼在水下待的时间都不一样，有的 8 分钟，有的 30 分钟，有的 50 分钟，也有超过一个小时的。抹香鲸不仅可以在水下待两小时之久，还能够下潜至水深 2200 米处，平常的活动范围也是在距水面 1000 米深的海域，堪称“动物王国的潜水冠军”。抹香鲸还是世界上体形最大的齿鲸，体长在 10 ～ 20 米，体重最高可达 50 吨，宽大的尾鳍是它在水中前进的动力，只需要一分钟，它就可以潜水 320 米。

但抹香鲸的出名却不是由于它出色的潜水能力，而是由于它体内的龙涎香。龙涎香是偶尔形成于抹香鲸肠道里的一种灰褐色物质，它不仅是名贵的香料，还是一种具有化痰、利气、活血功效的药材。并不是所有的抹香鲸体内都有龙涎香，仅有 1% 左右的鲸鱼体内才能形成，因此市场上的龙涎香价格十分昂贵。

抹香鲸得名于龙涎香，但也正是为了这一稀有物质，人们才对抹香鲸大开杀戒，体形较大的雄性抹香鲸更是捕鲸者的首选。尽管抹香鲸的数量还没有下降到危险程度，但雄性的缺失对它们的后代繁殖却造成了很大影响，未来抹香鲸的数量将越来越少。

▼ 抹香鲸

海龟的身上也会有宝石吗

大海就像是一座瑰丽的宝库。贝母一张一合之间孕育了光滑剔透、圆润饱满的珍珠；美丽的珊瑚不仅可以作为观赏盆景，还可以制成晶莹玉润的珠串；就连平静无波的海底岩层中也分布着坚硬的金刚石和锆石。这些宝石是大海给予人类的礼物。

如果问海龟身上最宝贵的东西是什么，那么一定是它们的龟壳了，因为龟壳是它们遇到危险时的保护伞。但你们知道吗？有一种海龟，龟壳不仅仅是它的防身法宝，还是一种珍贵宝石的材料呢！这种值钱的海龟就是玳瑁。“玳瑁”既是海龟的名字，也是它背上龟壳的材质的名字。

玳瑁是一种用龟甲做成的宝石。虽然海洋中的海兽无法咬穿玳瑁的龟壳，但经过高温的特殊处理，它们会变得十分柔软，然后就可以让人任意切割，制成各种工艺品了。玳瑁的颜色有黑、白、黄、褐几种，有些透明，表面覆有一层蜡质，反射出点点光泽，看上去十分高贵美丽。因为它是从海龟身上来的，而龟是长寿的象征，所以玳瑁也有长寿、幸福的美好寓意。唐代的钱币“开元通宝”就是用玳瑁做的，就连慈禧太后的梳子都是以玳瑁为材料做的呢！由此可见玳瑁的珍贵和受欢迎度。不仅如此，玳瑁还是一种驱毒药材，可以治疗痘疮生肿。

因为这珍贵的玳瑁，玳瑁海龟招来了杀身之祸。尽管法律明

▲ 玳瑁

文禁止捕杀玳瑁海龟，但捕猎行为仍屡禁不止，贪婪的人们热衷于捕捞它们，取下它们的外壳，以换取金钱。如果人类再不停止猎杀玳瑁的话，这一美丽优雅的动物就将永远与人类告别了。

鹦鹉螺和潜水艇有什么关系

读过《海底两万里》的朋友们想必对于鹦鹉螺这种动物一定不陌生，因为书中主人公所坐的潜水艇就叫作“鹦鹉螺号”，为什么要将潜水艇命名为“鹦鹉螺”呢？二者之间有什么关系吗？

▶ 鹦鹉螺

潜水艇是一种能在水下潜行的舰船，它在16世纪被人们发明出来，在第一次世界大战中被广泛运用于水下作战，现在还被广泛用于海洋探测、海底搜救等非军事领域。人类的许多发明创造都是来源于动物提供的灵感，如蝙蝠之于雷达，鸟类之于飞机。那么潜水艇的灵感来源是什么呢？它来源于一种古老的海洋生物——鹦鹉螺。

鹦鹉螺是一种生活在海洋里的软体动物，它可是不折不扣的"活化石"，在地球上已经存在了数亿年之久。在漫长的历史演变中，它们的变化却非常微小，保留了许多远古生物的特性。远古生物一般因为没有进化完全而显得比较丑陋，但鹦鹉螺不但不丑陋，相反，还十分美丽。它们不仅有着夏威夷蜗牛般艳丽的外壳，螺壳的形状还和鹦鹉的嘴巴很像，因而得名"鹦鹉螺"。

鹦鹉螺的螺壳构造有些特殊，它的螺壳内部被分割成很多个小的腔室，每个腔室都是独立的，相互之间仅由一根体管相连。

虽然鹦鹉螺身长只有 20 厘米左右，但其壳上最多的小腔室有 38 个之多。这些细小的腔室是鹦鹉螺储藏气体的地方，这些气体供给鹦鹉螺上下游动的浮力。而潜水艇在水中的上下浮沉就是模仿鹦鹉螺吸水排水，利用体管连接腔室推动气体运输的方法。

鹦鹉螺在古代几乎遍布全球，到了现代却基本绝迹，它们美丽的外壳吸引了太多贪婪的目光。在我国，鹦鹉螺已被列为国家一级保护动物。希望这种和熊猫一样稀有的小动物能继续繁衍下去。

为什么说朱鹮美丽而柔弱

朱鹮是全世界的鸟类学家公认的“东方宝石”。“东方”即为亚洲，它是东亚特有的鸟类，而这里的“宝石”除了有美丽的意思之外，还有珍贵、稀有之意。

朱鹮到底有多美丽呢？它通体雪白，唯有绯红的双颊和双足仿佛是被红日渲染过一般，显得高贵而又纯洁。当它展翅翱翔的时候，你会发现原来它翅膀的下侧和圆形的尾羽也透着几分朱红色，再配合着曼妙的身姿，真是美丽动人。难怪古人会写出“独舞依磐石，群飞动轻浪”这样美妙的诗句来赞美朱鹮。朱鹮又被称为“朱鹭”和“红鹤”，不仅仅在中国，俄罗斯、朝鲜、韩国和日本都曾有它们的身影。

朱鹮喜欢将巢穴筑在高大的乔木之上，喜欢去水稻田里捕捉

▲ 朱鹮

小鱼小虫为食。如果在以前，这是很容易就可以满足的条件，可随着森林的砍伐和水田的减少，朱鹮的生存空间越来越狭小。目前，全世界只剩下一支野生朱鹮族群，它们栖居在秦岭南部。尽管国家建立了专门的自然保护区，可朱鹮自身的繁殖能力却不太乐观，在蛇、鹰等天敌面前，它们也显得格外弱小。尤为让人担忧的是，一旦族群中发生疫病，那么这仅剩的一支野生朱鹮群也将灭绝。

朱鹮是美丽的，但它也是柔弱的。为了这份美丽可以继续留在地球上，你愿意守护朱鹮吗？

扬子鳄是“活化石”吗

“活化石”指的是地球上仅存的几种古老生物，分布范围十分狭窄。在千万年的光阴里，它们承受住了岁月的洗礼，并保留了原有的特征。说到“活化石”，不可不提“扬子鳄”，它可是世界上现存最古老的爬行动物之一！

距今两亿多年的中生代是爬行动物称霸的时代，除了恐龙之外，扬子鳄的祖先也是这个时代的“霸主”之一。但在随后的物种大灭绝中，包括恐龙在内的大部分爬行动物都灭绝了，只有扬子鳄的祖先等极少数爬行动物存活了下来。在扬子鳄身上，我们可以找到远古爬行类动物的许多特征，尤其是恐龙的。而在研究

▼ 扬子鳄

生物的进化、地理环境的演变等问题时，科学家们也可以在扬子鳄身上找寻线索，这比研究化石要简单方便得多。

扬子鳄的祖先曾经是陆生动物，生存环境的变化迫使它们不得不学会在水中生活的本领，从而进化为水陆两栖动物。也许正因为如此，扬子鳄才能在一次又一次的物种大灭绝中生存下来吧！

为了保护这一古老而珍稀的物种，中国在安徽、浙江等地建立了专门的扬子鳄保护区和人工养殖场，使扬子鳄数量趋于稳定。但在野外，扬子鳄的数量仍然十分稀少，不足200只，它是最需要人类保护的濒危动物之一！

小贴士

在古代，人们将扬州以下的长江下游河段称为“扬子江”，后来外国人干脆就用“扬子江”来指代整个长江。所以，生活在长江流域的这一“活化石”就被命名为“扬子鳄”。

娃娃鱼是鱼吗

在水质清澈的山涧溪流中，生活着一种娃娃鱼。初次看见它的人，不仅会惊异于它那略显丑陋的外表，也会惊讶于它那似婴儿哭叫般的声音。

相信对于有些人来说，“娃娃鱼”这个名字并不陌生，因为它曾是国人餐桌上的一道山间野味。娃娃鱼虽然外形丑陋，但因为肉质鲜美、营养价值高而被人们奉为“水中人参”，颇受欢迎。

娃娃鱼的学名叫作“中国大鲵”，是大鲵家族最大的成员，也是两栖类动物中体形最大的动物。它的身长一般为 60 ~ 70 厘米，体重约为 5 千克，但最大的可以长到 1.8 米，30 千克。娃娃鱼有一颗又圆又扁的脑袋，全身褐色，并伴有黑色斑纹，身上没有鳞片，长着四肢，但却十分短小。因为身体似鱼，且又时常待在水中，所以常被人们误以为是鱼类。其实，娃娃鱼是一种水陆两栖的动物。娃娃鱼的呼吸功能十分强大，当它在水里面的时候，它和鱼类一样用鳃呼吸，等到了岸上，它就换为用肺和皮肤呼吸了。很多两栖动物都是靠皮肤在陆地上呼吸的。

娃娃鱼还是地球上现存最古老的居民之一。通过研究娃娃鱼化石，科学家们得出了至少在 1.65 亿年前娃娃鱼就已经存在这一结论：它和大熊猫、扬子鳄一样，都是我国的国宝。

虽然现在人工繁殖的娃娃鱼数量很多，但野生娃娃鱼却因为更为稀有、更有“野味”而屡屡被人捕杀，再加上栖息地环境受到污染，野生娃娃鱼已经越来越少见了。

第四章

放大镜下的“小怪物”：昆虫

小小的昆虫，放在放大镜下就是狰狞无比的怪物。生活在我们身边的昆虫多种多样，它们虽小，却有很多奇异的、与我们人类完全不同的特点。下面，就让我们来了解一下我们身边的这些“小怪物”吧！

昆虫纲的小动物通常有哪些特征

昆虫作为动物界里数量最庞大的群体，种类有千千万万，有些昆虫长得很像却不属于同一类，有些昆虫虽在外形上相差很远，但却有着密切的亲缘关系。例如，盲蛛和蜘蛛长得很像，但却不属于蜘蛛目，相反，盲蛛和蝎子的关系则更为亲近。细小的差别使得动物们被分为了不同的种类，你知道昆虫纲的小动物有哪些特征吗？

在汉语中，“昆”有“众多”“庞大”的意思，顾名思义，昆虫的特征之一就是种类繁多；个体数众多、生物量庞大、繁殖能力强也是昆虫的显著特点，其惊人的繁殖能力是很多其他生物所无法比拟的。一只非洲白蚁的蚁后一天产卵 15000 粒以上，且持续数年很少间断，一巢白蚁会有 50 万到 100 万只。因此，尽管生存环境复杂、天敌众多，但昆虫家族仍然能够兴盛。昆虫的躯体由头、胸、腹三个部分组成。昆虫的翅膀能够帮助它们远距离迁徙，“娇小”的体形对栖息地和食物的需求量也很小，而分化成的形态各异的口器成为它们摄取各类食物的利器。变态发育是动物们适应各种环境的生理进化，而昆虫就是动物界中为数不多的变态发育动物，这使得几乎地球上的每一个角落都有昆虫在繁衍生息。

▲ 昆虫

是不是所有的昆虫体形都很“娇小”

蚂蚁的身体比大米粒还要小，螳螂也没有人的手指头长，蟋蟀的大小和成人的指甲盖一般……是不是所有的昆虫体形都这么“娇小”呢？

膜翅目中的寄生蜂——仙女蜂被认为是世界上最轻、最小的昆虫，它们的身体只有 0.21 毫米长，也就是说大约 50 只这种寄生蜂像竹子那样一节一节连起来也只有 1 厘米，和一粒花生米差不多长。与如此“娇小”的体形相匹配，它们体重只有 0.005 毫克。

我们知道 1 枚普通的鸡蛋大约重 60 克，你来算一算多少只寄生蜂的重量才相当于 1 枚鸡蛋吧。当然，昆虫中也必然会有“庞然大物”的存在，生活在南美地区的犀牛甲虫，连同尖角一起可以长达 15 厘米。你可以量一量一枚鸡蛋有多长，比较一下。而世界上最长的昆虫是居住在马来半岛的竹节虫，它们的身体长达 27 厘米。不过，即使是地球上最重的昆虫也无法与人类的体形相抗衡。

“娇小”的体形有利于昆虫自我保护，它们可以很容易地躲藏在树叶下面或者是某个角落，从而避开危险。小小的身体对食物的需求量也很小，一粒玉米就足够一群蚂蚁饱餐几天，这样它们就不用为寻找食物而天天“发愁”了。

▶ 犀牛甲虫

▲ 世界上最长的昆虫——竹节虫

昆虫的血液都是红色的吗

我们知道人类不管是哪一种血型，血液都是红色的，这是因为人类血液里有一种叫红细胞的物质，它里面的血红蛋白含有铁元素，所以人类新鲜的血液呈现出鲜红色。昆虫的血液是不是也都是红色的呢？

你在田野里捕捉过蚂蚱吗？当捏住它们身子的时候，它们的身体会渗出棕色的液体，这其实就是蚂蚱的血液。或者在盛夏的夜晚，我们经常能看到高速行驶的汽车挡风玻璃上，有小昆虫撞击的痕迹，可能是一摊黄色或者是绿色的液体，这其实也是昆虫

◀ 身体里充满人血的跳蚤

的血液。许多生活经验告诉我们，昆虫的血液并不都是红色的。这是因为它们的血液中并没有血红蛋白，只有一种和人类白细胞类似的细胞。但昆虫的血浆里有从食物中获取的黄色、绿色或者橙红色的色素，在这些色素的作用下，昆虫的血液呈现出不同的颜色。另外，不仅昆虫血液的颜色“五花八门”，有些昆虫血液的颜色还与性别有关呢！比如菜粉蝶，雄性的血液是黄色或无色的，而雌性的血液则是绿色的。

昆虫血液的作用也和人类的不大一样。人类血液的主要作用是运送氧气，促进身体的新陈代谢，而昆虫的血液不运输任何气体，主要被用来运送养料、激素和代谢物，起到免疫、解毒和防御天敌等作用。

小小的昆虫们都长有骨骼吗

我们知道脊椎动物的显著特征是有脊椎和骨骼，肌肉附着在骨骼上面，坚硬的骨骼对于身体起着支撑和保护的作用。那么，昆虫“娇小”的身体里也有骨骼吗？

昆虫属于无脊椎动物，它们和其他绝大多数无脊椎动物一样，背侧没有脊柱，骨骼是长在身体外面的，主要用来保护柔软的身体。昆虫的外骨骼像人类的骨骼一样坚硬，就如同战士的铠甲，对于昆虫身体的保护和支持起着不可替代的作用。

当然，重重的外骨骼有时候也会成为昆虫的负担。随着昆虫的长大，外骨骼是不断生长的，体形越大，这个“壳”就会越重。当外骨骼的生长阻碍昆虫自如飞行时，昆虫便不得不调整自己的生长速度，所以我们看到的昆虫体形都是非常小的。外骨骼一般是由蛋白质和几丁质构成的，密度比较大，覆盖在昆虫身体外，通常会影响昆虫的呼吸，没有像人类皮肤一样的辅助呼吸作用；仅仅靠一根气管来维持呼吸也在一定程度上影响了昆虫的生长。所以，很多昆虫都会经历蜕皮的过程，蜕掉的“皮”就是外骨骼。在新骨骼没有完全硬化之前，昆虫的身体是可以自由生长的，因而很多正处在生长发育阶段的幼虫会经常蜕皮，直到发育为成虫。

昆虫的翅膀只是用来飞行吗

足是爬行类昆虫主要的运动器官，而翅膀则是飞行类昆虫必不可少的工具。昆虫的翅膀只能用来飞行吗?

昆虫一般都有两对翅膀——前翅和后翅，不同种类昆虫的前后翅大小和形状各有特点。观察过蝴蝶的人都知道，蝴蝶前面的翅膀特别大，主要担当着飞行重任，而后面的翅膀则比较小，作用是辅助前翅的飞行，使飞行更加平稳和安全。其他的小昆虫，比如蜜蜂和蝉的翅膀也都是如此。但一些甲虫正好与此相反，通常它们的后翅比较大，掌握着飞行的方向和速度，前翅主要是起保护身体的作用。这些昆虫翅膀不同的构造都是为了适应不同的觅食方式和飞行环境。

当然，翅膀的作用可不仅仅是飞行，你还能想到其他的妙用吗？伪装是昆虫自我保护的主要手段，当遇到危险的时候，“假

▶ 绿色蚱蜢

装消失”是迷惑敌人最好的方法。生活在绿色草丛中的蚱蜢就熟练掌握了这门“隐身术”，它们翅膀的颜色和草丛几乎一样，会使敌人很难发现它们。此外，翅膀还能起到保护身体的作用呢！七星瓢虫的翅膀是双层的，外层的翅膀就像是两片坚硬的盔甲，使它们飞过树林的时候可以免受树枝和杂草的伤害，而内层的翅膀又薄又软，是主要的飞行工具，不用的时候还可以收缩起来，所以瓢虫的翅膀是所有昆虫中生存能力最强的。

昆虫的警戒色是用来警戒谁的

与那些利用拟态和保护色来伪装自己的昆虫不同，有些昆虫的身体颜色不仅不与周围环境相似，甚至故意和周围环境的颜色反差明显，它们难道不怕被敌人发现吗？我们一起去看看这究竟是怎么一回事。

你见过胡蜂吗？它们身上黄黑相间的条纹十分鲜艳，这华丽的外衣可不是为了打扮自己，而是为了警告敌人：不要接近我，我的蜇针上有毒。一些昆虫在被胡蜂蜇伤之后就会记住它身上的颜色，“吃一堑，长一智”，以后也就不敢再接近胡蜂了。许多身上有毒或者恶臭的昆虫，它们的身体表面往往有色彩鲜艳的斑块或者条纹，这就是昆虫的警戒色。和昆虫利用保护色“消失”在环境中正好相反，有着警戒色的昆虫故意使自己与众不同，目的是让敌人一眼就认出自己，避免遭到意外攻击。毒蛾背上鲜艳

◀ 胡峰

的红黄相间条纹也是这个道理，它们的背上有两条毒腺，分泌的毒液甚至能危及天敌的生命，一些“上过当”的鸟儿看到这种条纹之后就不再主动招惹它们了。

小贴士

还有一些昆虫非常聪明，比如食蚜蝇，尽管它们身上没有毒，但仍旧模仿有毒昆虫的警戒色，这招“瞒天过海”确实达到了理想的效果。

蝴蝶的翅膀上为什么会有五颜六色的粉末呢

小时候在花园里玩耍，总爱追着蝴蝶跑，捕捉五彩缤纷的蝴蝶是很多人童年的美好回忆。当用手捏着蝴蝶那薄薄的翅膀时，你有没有注意到自己手上留下的五颜六色的粉末呢？蝴蝶翅膀上的色彩是用颜料“染上去”的吗？

蝴蝶属于鳞翅目昆虫，这些粉末其实是蝴蝶的“鳞片”，它们并不是一个个细胞，而是细胞的衍生物——角质层。角质层能够反射光线，所以我们看到的蝴蝶翅膀就像闪闪发光的宝石一样，能在阳光下熠熠生辉。有些鳞片里面有色素，鳞片整齐有序的排列使蝴蝶的整个翅膀呈现出特定的色彩，粉的、白的、蓝的、黄的……由于鳞片排列顺序的不同，所以我们看到的蝴蝶翅膀也就多姿多彩了；而有的鳞片本身是透明的，它们的角质层对太阳光有不同的反射和折射作用，所以我们也能看到这些翅膀的颜色。但是这不计其数的鳞片都只是很轻地附着在翅膜上，很容易脱落下来，所以人手一碰就会留下五颜六色的粉末。

▼ 蝴蝶翅膀上布满粉末状的鳞片

蝴蝶鳞片的作用十分重要，它们紧密地排列使得翅膀能够防水，光滑的鳞片有利于飞行时减小空气阻力，保护薄如蝉翼的翅膀。此外，由于这些鳞片非常容易脱落，所以当蝴蝶不小心落入蜘蛛网时，就可以“金蝉脱壳”了。

屁步甲的“化学武器”有什么秘密

我们知道化学武器的威力十分巨大，不仅会造成城市毁灭、人员伤亡，还会对土地和空气造成长期的危害，人们轻易不会使用它。相似的昆虫也有“化学武器”，屁步甲的烟雾炮弹就十分厉害，这种“武器”是怎么制造出来的呢？

屁步甲是一种以捕食黏虫、叶蝉和稻螟蛉为主的昆虫，它们的防御武器让许多天敌望而却步。在遭遇敌害时屁步甲的尾部会发出非常响亮的声音，就像是放鞭炮一样，先在气势上震慑住敌人，接着会喷射出气味恶臭的高温液体，同时伴有黄色的烟雾和毒气，以暂时迷惑敌人，然后伺机逃走。因为这一连串动作很像炮弹的发射，所以屁步甲又被人们叫作“炮弹灰尘虫”。

在防御敌人的过程中，屁步甲的体内发生了十分复杂的化学反应，它们身体里有产生苯二酚和过氧化氢两种化学物质的腺体，遭遇危险时屁步甲的肌肉会猛烈收缩，使这两种物质发生化学反应，变成温度很高的毒液并向敌人射出，更神奇的是，它们仿佛有 GPS 定位一般几乎百发百中，发射的距离最远可达身体长度的300倍。而黄色烟雾则是过氧化氢经过酶的作用，形成的对苯醌。科学家们根据屁步甲的这一特点研制出了非常有威力的武器。

七星瓢虫在遇到危险时为什么会装死

在遇到危险的时候，小昆虫们除了会用保护色、拟态和警戒色来保护自己以外，“装死”也是一些昆虫的拿手绝活儿，它们是怎样做到用假死来蒙骗敌人的呢？

七星瓢虫“装死”的办法炉火纯青。它们喜欢待在细细的柳条上，当有天敌靠近或者有人故意晃动柳枝时，七星瓢虫就能嗅到危险的气息，然后将脚缩到肚子下面，从树上跌落下来之后整个身体一动不动，就像是死了一样，借此躲过敌人的攻击。金龟子、麦叶蜂、象甲等昆虫都会暂时呈现出“死亡”的状态，过不了多长时间又会恢复原来的样子，在趁敌人不注意时顺利逃走，这就叫作昆虫的假死性，是它们保护自己的方法之一。

昆虫为什么会装死呢？其实和人受到刺激后浑身僵硬的道理是一样的。昆虫发现危险之后，其神经会高度紧张，然后发出信号使肌肉收缩，保持高度警惕。这只是一种简单的刺激反应，真正死亡的昆虫肌肉反倒是舒张的，脚也不像装死的昆虫那样紧紧收在身体下面，但这招“瞒天过海”在遇到危险时却屡试不爽。

▲ 象甲

小贴士

当然，假死有时也不见效。麦叶蜂是危害大麦和小麦的害虫，农民伯伯就利用它们的假死性，在傍晚的时候将它们拍掉在地面上，统一消灭。

叩头虫为什么会磕头

磕头是中国古代的一种礼节，有一种昆虫也会磕头，因此被人们叫作叩头虫，它们为什么会有类似人类的行为呢？

叩头虫个头不大，通身呈现黑色或者褐色，背上有一对非常硬的鞘翅，但不经常使用。叩头虫与跳蚤、蚂蚱、蝗虫一样，是昆虫家族的运动健将，但不同的是，叩头虫不像其他昆虫那样有强劲有力的后足，它们的三对足又短又细，所以不能通过蹬地的力量跳高或者跳远。不用翅膀也不用足，那么叩头虫是怎样运动的呢？

其实，磕头就是它们的运动方式，磕头主要是为了逃脱危险和越过障碍，并不是在向敌人求饶哦！叩头虫之所以会磕头是因为它们特殊的身体结构。叩头虫的身体总的来看可以分成前胸腹板和中胸腹板两节，前胸腹板有一个向后的楔形突起，正好可以插入到中胸腹板的沟槽里，两者可以灵活地运动。当叩头虫遇到危险十分紧张的时候，它们胸部的肌肉就会收缩，其前胸在向中胸收拢的过程中会对地面产生一个作用力，同时在反作用力的影响下，它们的身体会向空中弹起，在“180 度转体”之后能平稳地降落在地面上。

同样道理，当叩头虫在“六脚朝天”时，它们的身体会形成

▲ 叩头虫

一个弓形，依靠肌肉收缩的力量撞击地面反弹而起，又是一个漂亮的转体，然后平稳落地。这个过程看起来就像是在磕头一样，还会发出“咔咔”的声音呢！

跳虫为什么能在南极生存

南极洲被称为世界上仅存的居于大面积广袤荒野的区域之一，然而随着全球气候的变化和物种的进化，这片土地正在承受着外来物种侵入的威胁。现在的南极不仅有可爱的企鹅、健壮的海豹、大大的磷虾，还有老鼠、野兔和跳虫等外来物种，为什么这些不耐寒的动物也能在南极生活下去呢？

南极的气候以酷寒和烈风为主要特征，终年覆盖的冰雪为小动物们营造了一片童话般的净土。南极大陆的平均气温是零下 25 摄氏度，最低气温是 1983 年观测到的零下 89.6 摄氏度，许多动物都不能忍受如此寒冷的环境。而昆虫一般在 5 ～ 35 摄氏度这个温度范围内能够正常生长和活动，过高或者过低的气温都会影响昆虫的生命活动甚至造成死亡，但跳虫却是个例外。跳虫又叫烟灰虫，长得非常像跳蚤，喜欢生活在阴暗潮湿的地方，具有腐食性，有机质丰富的土壤会加速跳虫的繁殖。

喜欢待在泥土里的跳虫为什么会出现在南极并且快乐地生活呢？这是因为跳虫的体内会制造一种不冻液，它能根据体温的高低来调整分泌量。我们知道，水在 0 摄氏度以下会凝固成固

▲ 跳虫

体的冰，昆虫体内的“血液”在极地气候下也会停止流动，但不冻液能够促进跳虫体内的液体流动，使其不被冻僵，从而克服低温生存下来。

为什么蚂蚁从高楼上掉下不会被摔死

遇到下雨天的时候，蚂蚁为了不被淹死，不得不把家搬到地势比较高的地方去，所以我们会在高楼上或者树干上看到它们的身影，蚂蚁没有“恐高症”吗？它们的足并不像鸟类或者蝉那样能够紧紧抓住树干，如果一不留神从高处摔了下来，蚂蚁会摔得粉身碎骨吗？

答案是否定的。事实证明，从高处掉下的蚂蚁并不会被摔死，这是为什么呢？我们知道，在空气中运动的物体都要受到空气阻力的影响，大雁飞行的时候呈现出“人”字形结构就是为了减小雁群在飞行中的阻力，鸟类的翅膀和流线型的身体结构也能有效地减小阻力。由此可见，空气阻力的作用是非常大的。因为蚂蚁的重量非常小，在下落过程中，它们的体重几乎和空气阻力相当，所以蚂蚁下落的速度很慢，落到地面时所受的伤害也就很小了。但体形庞大的动物从高楼坠下就很有可能摔伤甚至摔死，这是因为它们的体重所形成的重力远远大于空气阻力，在下降过程中会做加速运动，下落的速度越来越快，所以在接触地面时所受的冲击力非常大，对身体造成很大的伤害。你能想象出一片羽毛和一个大铁球下落时的情形吗？

▼ 蚂蚁

小贴士

蚂蚁不会摔死其实是一个物理现象，空气阻力在其中发挥了至关重要的作用。猜想一下，如果是在真空中，没有了空气阻力，将会是什么结果呢？

蚕为什么会吐丝呢

大家一定知道“春蚕到死丝方尽，蜡炬成灰泪始干”这有名的诗句。小小的、白白胖胖的蚕宝宝从出生起开始尽情享用最钟爱的美味佳肴——桑叶，成熟之后就能够吐出光滑、洁白而且很有韧性的蚕丝。李商隐的这句诗就是借蚕吐丝赞扬那些有奉献精神的人们。那么蚕为什么会吐丝呢？

在幼蚕的身体里有一套完整的生产蚕丝的系统，叫作丝腺体，它与储藏丝液的袋装囊相通，下面连着吐丝泡，就像泡泡机会吐泡泡那样，吐丝泡会吐出又细又长的蚕丝，宛如一台“天然纺织机”。在蚕吐丝的过程中，它们的头总是时而抬高，时而垂下，头部的肌肉会随着它们头部的运动而不停地伸缩，这样就可以将丝腺体中的丝液抽压出来，丝液接触到空气之后，就会形成细细长长且光滑的蚕丝。蚕吐出来的丝并不是杂乱无章的，而是会形

▲ 蚕的一生

▼ 正在结茧的蚕

成一个个排列整齐的“8”字形，所以蚕结出的茧看起来很像一颗饱满的花生。蚕就是这样重复地吐丝结茧，当它们在茧中将丝液吐尽之后，就会静静地待上一段时间，等到蜕去身上那层满是褶皱的旧皮后，就变成了胖乎乎的黄褐色的蚕蛹，不久它们就会像蝴蝶那样化蛹变蛾，变成带有翅膀的蚕蛾，挣破那层自缚的丝茧，重新获得自由，“作茧自缚”这个成语就由此而来。

椿象为什么“臭名远扬”

椿象是什么动物？大象的一种吗？看到这个名字许多人一定会觉得很陌生。那么“臭大姐”你应该很熟悉吧？就是那种全身暗灰色，头上有两根长长的触角，背上分布白色斑点，会释放恶臭气味的昆虫，它的学名就叫椿象，还有的地方把它们形象地叫作“臭屁虫”。

椿象分为肉食性和植食性两种。植食性椿象喜欢吸食新鲜可口的植物汁液，所以约90%的椿象都是害虫，会对农作物、蔬菜和果树等造成严重的危害。椿象给人印象最深刻的特点是会放臭屁，特别是遭遇危险的时候，它们会释放一种非常难闻的气体，以便在敌人做出反应的空当趁机逃走。

椿象为什么能成为远近闻名的“臭气专家”呢？这是因为椿象的胸部长有臭腺，情况危急的时候会释放出具有挥发性的物质——臭虫酸，从而使附近的空气中都弥漫着臭臭的味道，我们

▲ 椿象

闻到的便是臭虫酸的气味。尽管“炮弹灰尘虫”屁步甲也是通过尾部放射烟雾迷惑敌人的，但它们的“炮弹”有毒性，在防御的同时也起到了进攻的效果，不同的是，椿象的“臭气弹”只能用来防御，因为臭虫酸尽管有轻微的刺激性，但不会对敌人造成致命的伤害，所以椿象几乎没有攻击力。

椿象会经常出现在果树上和室内一些不清洁的地方，所以要按时给树木除虫，或并保持室内卫生。

蜣螂为什么叫作“自然界的清道夫”

蜣螂俗称“屎壳郎”，从它的名字就可以看出蜣螂经常与人畜的粪便接触，而且和苍蝇一样不招人喜欢，蜣螂是害虫还是益虫呢？为什么叫作“自然界的清道夫”呢？

蜣螂的食性与众不同，腐叶土和动物粪便是它们最喜爱的食物。此外，蜣螂的身体结构也非常独特，它们背上的壳很坚硬，而且有亮亮的金属光泽，头部是勺子形状的，头上还有一个又长又弯的角状突，就像一把月牙形的小刀，这和它们“推粪球”的生活技能密切相关。当蜣螂发现粪便以后，角状突会把它们切成小块，然后汇聚在平整的地面上。蜣螂的后足上有两对又细又长的爪子，在爪子的搓动下，零散的粪会被不停地旋转和滚动，最后变成一个又圆又大的粪球。蜣螂会用后足勾住粪球，然后利用强劲有力的前足支撑住地面，将粪球推到合适的地方隐藏起来，最后慢慢地吃掉。这种生活习性在人类看来十分恶心，但却给我

正在滚粪球的蜣螂

们的生活带来了极大的便利和益处。蜣螂能够清除裸露在地表的人畜粪便，在给土壤带来肥力的同时也清洁了环境，是大自然天然存在的“清洁工”。

因为蜣螂能够有效地将粪便转化为有利于其他生物和环境的物质，所以它们属于益虫，是“自然界的清道夫”。

你知道“饭量”最大的昆虫是谁吗

传说中饕餮是龙的第五个儿子，以贪吃出名，现在的成语“饕餮盛宴”就来源于这种怪兽。我们知道狮子和大象都是食量惊人的动物，其实在昆虫家族也有一个公认的“大胃王”，你知道它是谁吗？

天蛾幼虫是“饭量”最大的昆虫，它在1个月大的时候就可以吃掉超过自己体重8万倍的食物了。天蛾属于鳞翅目天蛾科，在全世界广泛分布，因为取食时和南美洲的蜂鸟很像，所以又叫作蜂鸟蛾。天蛾属于完全变态发育昆虫，一生要经历卵期、幼虫期、蛹期和成虫期四个阶段，它们的口器比较发达，飞行能力特别强，翅膀在1秒钟可以振动1000多次，所以我们能看到天蛾有时候附身于花朵之上，有时候流连在花丛之间，为兰花传粉和采集花蜜成为了它们的“工作”。天蛾在飞行的时候还会发出“嗡嗡”的叫声，和蜜蜂十分相似。幼虫的尾部还有一个向上翘起的尖锥，于是人们就形象地把它们叫作号角虫。号角虫以叶子为食，每次的产卵量一般在 200 粒左右，它们的“战斗力”特别强，有时能把最喜欢的茄科植物啃个精光，小小幼虫的食量十分惊人。

小贴士

茧蜂是天蛾幼虫的天敌，它们会寄生在天蛾幼虫体内，吃掉它们的内脏器官致其死亡。于是，人们在茄科植物的附近种植了许多吸引茧蜂的植物，利用食物链来遏制这个“饭量”巨大的昆虫。

第五章

兽中之王 老虎和狮子

狮子和老虎是人们公认的森林之王。我们从电视上可以看到很多关于它们的画面。而在野外生活中的狮子和老虎究竟有怎样的习性呢？让我们一起走近它们，看看自然状态下的森林之王到底是怎样的吧！

老虎的祖先是谁

人类经历了一个漫长的发展时期，才最终演变成现在的模样。以前的老虎会不会也不是现在这个样子呢？

老虎的祖先是真猫，真猫和人们常说的猫咪差别很大，真猫是古猫类的一种。在新生代第三纪的上新世，生存着这样一个物种——古食肉动物。古食肉动物经过长时间的演化，分化出多个分支，其中就有古猫类。古猫类又逐渐发展分化为恐猫、真剑齿虎和真猫三个小分支。老虎的祖先真猫就是在这个时候形成的。

▼ 剑齿虎

历史上的冰川期，古猫类经历了一次大考验。经过第四冰川期，只有生命力强大的真猫存活了下来。真猫不断进化，又分化成了猫族和豹族两个分支，老虎就隶属于豹族。

在所有老虎的亚种中，华南虎是各种亚虎的祖先。所谓亚虎，就是外表看起来相似，但又分布在不同地区的各种老虎种群。这个划分主要是依据老虎的头骨结构进行判断的，因为华南虎的头骨结构最接近原始的虎，所以被动物学家认定为各种亚虎的祖先。

为什么在非洲看不到老虎

非洲是狮子的故乡，在非洲的大草原上，人们会见到棕黄色的狮子。老虎和狮子有着共同的祖先，同属于猫科动物，那么为什么老虎不可以像狮子一样生活在非洲大草原上呢？

事实上，老虎不在非洲生活，既有自然环境的原因，也有老虎自身生活习惯的原因。

很久以前，由于自然气候、猎物分布和环境变化等因素的影响，老虎在自然迁徙过程中，最终没有越过阿拉伯沙漠进入非洲，这也是人们在非洲看不到老虎的历史因素。

而另一方面，老虎是独居动物，喜欢单独生活捕猎，又属于森林物种，因此老虎一般喜欢生活在树木众多的山林中，非洲的草原树木稀少，当然满足不了老虎的生存需求。此外，老虎很怕热，非洲酷热的气候也不利于老虎生存。

就这样，经过长期的自然选择，老虎主要生活在了亚洲大陆的山林中，而非洲成了老虎不再返回的故乡。

老虎的眼睛夜里会发亮吗

众所周知，老虎的眼睛在夜间可以发亮。其实，不仅是老虎，人们熟悉的猫咪，勤劳的黄牛，可爱的狗狗，还有狼、猫头鹰等动物的眼睛在夜里也是会发亮的。为什么这些动物的眼睛在夜里会发亮呢？难道它们有神奇的力量？

原来，在它们的视网膜后面有一层特殊的反光组织。这个组织可以把已进入动物的眼睛但没有被视网膜完全吸收的光线再反射回去。这样，视细胞就可以重新吸收光线，以此达到增强视力的作用。这使得这些动物们的眼睛在夜里显得闪闪发亮。

老虎的眼睛能在夜间发亮，也是这个原理。老虎眼睛视网膜后的反光组织就像一个反光板，在夜晚哪怕只有微弱的光射进老虎的眼睛，也会被它们眼睛中的反光板反射回来，这样看上去就好像是老虎的眼睛自身在发光一样。通过眼睛中的反光组织，老虎可以把周围微弱的分散的光线聚集起来，然后再集中地反射出来，这样它们就能够凭借微弱的光亮辨别物体了。因而，即使在夜间狩猎，它们也能气定神闲地眼观六路，在野生动物中这是一种比较普遍的现象。

小贴士

老虎的视力是我们人类视力的6倍。我们在《动物世界》里看到老虎能在夜晚自由自在地活动，这也归功于它们具有超强的夜视能力。

为什么老虎的屁股摸不得

俗语说："老虎的屁股摸不得。"那么，老虎的屁股为什么摸不得呢？

那就要先讲一则民间流传的关于老虎学艺的故事了！很久以前，老虎跟从猫师父学本领，但当猫传授完老虎本领的时候，老虎非但不感激，还想要吃掉猫，幸好猫师父留了一手，迅速地爬上了树。老虎急得在树下乱跳，可就是拿树上的猫没办法，反倒不小心摔了自己的屁股，疼得老虎哇哇乱叫。后来这件事传到了森林中其他动物的耳朵里，动物们就纷纷在背地里议论老虎。老虎一怒之下就吃掉了跟在自己屁股后面拍马屁为它按摩屁股的动物。时间久了，动物们都以为老虎的屁股不能摸呢！

这是童话故事，事实真的是这样的吗？当然不是啦，老虎的屁股摸不得另有原因呢。因为老虎的屁股是一个很敏感的部位，上面分布着很多毛细神经管，要是碰到了老虎的屁股就很容易刺激到老虎，受了刺激的老虎就会飞出一脚，你想，老虎猛地一踢，动物们哪能躲过呢，只能挨踢了。

所以啊，这才是老虎的屁股摸不得的真正原因！以后见到了老虎，一定不要试图去摸老虎的屁股哦！

老虎会不会游泳

老虎会游泳吗？在人们的印象里，老虎一般都是生活在陆地上的。而且老虎那么大的体形，怎么会浮在水上呢？但答案却是肯定的，老虎的确会游泳。

▼ 在水里游泳的老虎

这就先要从老虎的身体结构说起了。虽然老虎看起来比较笨重，但它们的胸腔和腹腔很大，这样就使得它们在游泳时也不至于沉到水中。这就如同我们平时使用的游泳圈，里面都是空气，由于浮力的作用，不会沉入水中。另外，老虎强壮的身体和有蹼的爪子也有助于老虎游泳。曾经就有老虎在开阔的水面上游了15千米。看来，威猛勇武的百兽之王除了是陆地上的霸主外，还是名副其实的游泳高手呢。

人们在酷暑难耐的夏日会选择以游泳的方式来降温，聪明的老虎也是如此。老虎更喜欢游泳，是因为它们的身体比同类动物更容易升温，所以在酷热异常时，老虎白天的大部分时间都会泡在水中。

其实，动物们游泳是它们身体的本能反应，大多数哺乳动物理论上都具备游泳的本能，像生活中常见的狗、马、牛等都会游泳。

老虎真的不会爬树吗

“老虎学艺”的故事家喻户晓，在故事中，老虎恩将仇报，想要吃掉自己的师父，幸好猫咪留了一手，快速爬到了树上，这才保住了性命。但是从此以讹传讹，我们都以为老虎不会爬树呢！其实，同为猫科动物的老虎，也是有爬树的生理基础的。

老虎会爬树，尤其是小老虎，一些低矮的树木对它们来说都

◀ 爬树的老虎

没有问题。这都归功于它们特殊的生理结构。老虎的四肢和身体都很发达，那么多的肌肉当然是老虎力量的源泉了，爬树对它们来说可认为是“小菜一碟”。老虎钩状的趾甲也能牢牢地将自己平衡在树上，所以完全不用担心老虎会从树上掉下来哦！

老虎是生活在陆地上的猛兽，在地上生活得好好的，为什么要爬树呢？野外的老虎有时候爬树是为了获取鸟蛋或者在树上储藏食物，因为老虎不像豹子和猫那样身体敏捷，可以迅速地爬到树上，所以老虎一般情况下是不会爬树的。另外，老虎的趾甲在爬树的时候很容易被树损坏，而且老虎那么庞大的身躯，爬到树上之后不容易下来，所以啊，不是迫不得已，成年的老虎是不会爬到树上的。再加上我们很少能拍到老虎爬树的画面，所以久而久之，也就以为老虎真的不会爬树了。

老虎睡觉打呼噜吗

有时候，我们睡觉用的枕头太高或者呼吸不畅时，都会发出“呼呼”的打鼾声，那么体形庞大的老虎会不会也和人类一样，睡觉的时候打呼噜呢？

在这里先肯定地告诉你，老虎会打呼噜，但不是在睡觉的时候。

作为猫科动物的一员，老虎“打呼噜”的原因和人类打呼噜的原因完全不同。人类打呼噜是因为睡着后空气通过口咽部时使软腭振动而引起的，是人在无意识情况下无意义的生理反应。而老虎的呼噜声是喉道假声带振动时，通过喉腔共鸣而发出来的声响。记住哦，这可不是在老虎睡觉的时候发出的声音，而是它们在有意识的情况下，为了表达愉快、安全、满足、舒服等正面感情的时候发出的。所以，如果你能听到森林之王发出呼呼噜噜的声音，那就要恭喜你了，这说明平时高度警惕的老虎终于放松了下来，而且你的出现并没有打扰到它安逸的心情。

或许是因为老虎在惬意地休息时经常会紧闭着双眼，感到舒适的它们就会发出呼呼噜噜的声音，这就导致人们误以为老虎已经睡着了并且在打呼噜。这可是不正确的哦。

老虎的尾巴动作能透露老虎的心情吗

骄傲的老虎似乎总是摇头摆尾，看起来得意极了！那你知道老虎什么时候高兴，什么时候愤怒吗？其实，老虎的尾巴就是它们心情的“显示棒”。

以往我们只知道老虎的尾巴很长，占了身体将近一半的长度，尾巴上还有漂亮的环纹，尾巴尖是黑色的，看起来很是好看。其实，在有猎物出现时，尾巴还是老虎的防御武器呢，甩起又长又大的尾巴，可以把猎物打得晕头转向。而且除了作为武器，老虎的尾巴还能透露老虎的心情呢。

▼ 奔跑中的老虎

动物学家们通过对老虎的仔细观察，得出了一些结论。现在可以通过老虎的尾巴来判断老虎的心情：要是老虎的尾尖微微地翘起来，还不停地抖动，它还发出低沉的吼叫声，这就是危险的信号，说明老虎这个时候处于警戒状态，最好不要打扰它，否则老虎会发怒冲过去发起攻击。但是如果老虎的尾巴在轻轻地摆动，还不时地发出“喷、喷”的鼻音，那就是老虎在示好，说明这个时候老虎的心情很好，愿意与你亲昵！

老虎是怎么“占山为王”的

都说“一山不容二虎”，那些称霸山林的老虎们到底是怎么占山为王，拥有属于自己的势力范围呢？

老虎这种山大王是典型的独居动物，“一山不容二虎”这句话是老虎生活的真实写照。每只老虎都有自己的专属领地，各自统领自己的王国。有国家就会有国界线，老虎的地盘也是有界限的。老虎们为了彰显自己的领地，就会在自己的地盘上喷洒尿液、粪便或者留下自己的毛发，这样别的动物闻到了气味就会识趣地走开。它们也会在树上做标记，比如在树上留下抓痕。这些信息都是在告诉其他的老虎：“这里是我的地盘，你到其他地方去吧。”

而每只外来的老虎也会通过领地老虎所留下的痕迹和气味来判断领地老虎的性别、年龄、身体状况等。如果是一只外来的雄虎闯入了另一只雄虎的领地，并且没有打算要离开的话，一场恶

▲ 打架的老虎

战就在所难免。每只雄虎都会严格捍卫自己的领地，主权问题不容商量。面对入侵者，雄虎一定会为了自己的地位和入侵虎一战到底，直到把外来的雄虎击退，这期间甚至还会有死亡的可能。

为了繁殖，雄虎和雌虎一般不会发生战斗，有的时候一个雄虎的领地内会有不止一只母老虎，但是雌虎生活的区域是不重叠的。而且在繁殖时期，雄虎还会和自己的配偶一起生活。

小贴士

动物学家通过观察发现，有的雄虎会“寄居”在其他老虎的领地上，这个时候，较弱的老虎通常会翻倒在地上，把自己的肚皮展露出来，通过这种恭顺的姿态来赢得领地老虎的信任，暂时生活在这片领地上。

你知道老虎、狮子与豹的区别吗

老虎、狮子与豹都是自然界中的捕猎高手，它们高傲的气质都会让小动物们望而生畏。那它们的生活习性与爱好都一样吗？

▼ 老虎、狮子和豹子

这三种动物，都是大型的食肉猫科动物，它们的性格中都有豪迈坦荡的东西，所以我们也经常形容它们是自然界中的王者。

狮子是猫科动物中唯一的一种雌雄两态的动物，什么是雌雄两态呢？这是生物学上的一个专属词汇，就是说在外形上有着明显差异的动物。雄性狮子身上有鬃毛，而雌性狮子身上没有，也就是说，我们可以轻易地分辨出狮子的性别来。除此之外，与老虎、豹不同的是，狮子是群居动物，狮子们经常会聚集在一起，就像一个大家庭一样，由一只领头狮带领它们捕猎，在领地上生活。

豹是三种动物中体形最小的，但是别看豹的体形小，行动却特别敏捷，身材特别矫健，奔跑起来像飞一样。我们也可以说豹是一个"机灵鬼"，它们不仅会游泳，还会爬树，脑子也特别机灵，嗅觉、视觉、听觉都超级棒，这些都是老虎和狮子所不能及的！豹的适应能力也很强，它们可以生活在不同的环境中。

老虎我们就熟悉得多了，它是三者中体形最大的，有着"百兽之王"的称呼。老虎除了自身庞大的身体和发达的肌肉之外，最显著的特征就是在白色到橘色的毛皮上有着黑色的垂直条纹，这些条纹可以帮助老虎在捕猎的时候很好地隐藏自己。

狮子的胡须有什么作用

在《动物世界》里，狮子威风凛凛地站在山头上巡视的时候，你有没有注意到狮子那撮威风的胡须呢？它们像是忠诚的护卫，

◀ 雄狮

在狮子鼻子的周围站岗，看着是不是很有王者风范？

这些胡须可是狮子测量外部世界的秘密武器，没有了它们，狮子走路就会失去平衡，也就没有安全感了。

狮子的胡须就像是精密的仪器，分布在狮子的鼻子、面颊，还有前脚掌的背面。这些胡须可不是随便长出来的，它们对狮子的帮助很大。要是狮子没有了这些胡须，不仅会影响狮子的外貌，也会削弱狮子的感知能力。

在我们看不到的胡须末端，生长着很多的感知神经，这些神经可以帮助狮子测量周围物体之间的距离。比如狮子要穿过灌木丛，这个时候胡须就要发挥作用了，通过用胡须测量灌木丛之间的距离，狮子可以知道自己的身体能不能通过。除了测量的功能，狮子的胡须还能够感知周围的环境，比如周围有没有危险，有没有猎物，这些都要靠狮子的胡须来感知。

在森林中的猫科动物的胡须比较长。而生活在草原地区的狮子，它们的胡须相对来说就短一点了。不过，狮子的胡须虽然没有那么长，但是发挥的作用可不小。

狮子的群居生活是怎样的

狮子是典型的群居动物。狮子经常成群地出现在草原上，就像是一个大的部落，有雄狮、雌狮，还有幼狮，它们浩浩荡荡一起行走的时候，像不像人类的一个大的家族一起出游？它们或者一起散步，或者一起捕猎，看起来和谐极了！

狮群是狮子的代表特征，狮子通常是以“群”在一起生活的，许多狮子聚在一起，选出一个首领，就是这个狮群的“当家的”。不管有什么任务和信息都要听首领的指挥。一般是由雄狮担任狮群的领导，它主要负责狮群的安全，还有狩猎等等。所以这个首领的地位很重要。

为什么狮子喜欢群居而不是独居呢？这跟狮子的生活环境有关。因为狮子是在广阔的大草原上生活，平坦的地形更容易让它们聚集在一起，许多狮子团结在一起当然更有利于生存，因为它们可以聚集在一起共同围猎谋生。

除了狮子，像狼、鬣狗，它们也都是群居的动物。动物们在一起生活，可以互相照应，同时它们还可以有很多小伙伴一起玩耍。

在狮群中，主要是雄狮占主导地位，雌狮又占大多数，一般它们都是互相认识或者有亲缘关系的。

在一个狮群中只有一只成年的雄狮，除非是上一任的雄狮首领是两只以上，这种情况下才会有两只以上的成年雄狮，但这种情况太罕见了。除此之外，幼小的雄狮在成年之后，为了防止近亲结婚，也会慢慢被驱逐出狮群，而雌狮则会被留在群内。所以，在一个狮群中，雄狮是很少见的。

小贴士

关于狮群，我们可以简单地理解为部落的集合，一般里面会有 3 ~ 50 只狮子。

▼ 群居的狮子

为什么有的幼狮被成年狮子杀死了

幼狮的成活率很低，有的时候幼狮不是被饿死的，而是被成年的狮子杀死的，听起来是不是很让人震惊呢？为什么成年的狮子要杀掉幼狮呢？

虽然听起来很不可思议，但这种情况的确会发生在狮群里。事实上，成年的狮子是不会杀掉自己的孩子的，那它们为什么要杀掉其他的幼狮呢？这就要从它们挑战首领说起了。

每一个狮群里面都会有一只雄狮首领，但是这个首领的位置

▲ 成年雄狮和幼狮

也总是岌岌可危的，因为有很多雄狮也会惦记着这个位置。当首领老了或者身体受重伤的时候，就会有年轻的雄狮向它发出挑战，一般年轻的雄狮要等到 6 岁或者更大的时候才会有能力挑战首领。假如首领战败了的话，那它就不得不让出首领的位置，这个时候，获胜的雄狮就成了狮群的新首领。

新来的首领为了让雌狮臣服和顺从，通常都会将它前任的幼狮杀掉，这样雌狮就会乖乖地和它交配了。所以，就出现了成年的雄狮杀掉幼狮的现象。虽然这样做可以稳固自己首领的地位，但这样也不利于狮群中狮子数量的维持，很多幼狮都可能面临被成年狮子杀掉的危险。

知道了成年狮子杀掉幼狮的原因，我们就不难理解为什么会出现这样的现象了，或许这就是动物们的生存之道吧！

真的有白狮子吗

在人类现在的审美体系中，白色多数时候代表的都是纯洁和干净，代表光明和无邪——代表的大都是美好的事物，所以人类偏好各种白色。比如，人们希望自己的皮肤白一些，希望自己结婚时穿上洁白的婚纱和礼服等。可是你知道吗？世界上也有白色的狮子哦！它们和其他狮子有什么不同呢？为什么会有不同的毛色呢？

白色的狮子经常出现在童话中，现实世界中也存在着一部分白色的狮子。它们是因为某种原因，发生了基因变异，导致自己

▲ 白色的狮子

的毛色发生了变化。但是其他方面，比如习性、饮食和身体结构等都没有明显的不同。

白色狮子的数量并不多，通常生活在南非低地草原 300 平方千米的地域内，是一种比普通狮子更加稀有的动物。

由于它们的颜色迎合了人类的审美偏向，所以和一般的狮子相比，白狮子更受人类的欢迎。很多白狮子受到世界各地的邀请到处表演，让人们欣赏。还有另外一种白色的狮子，是由于白化病造成的，这种狮子的数量更少，所以基本不单独拿来研究。

你知道狮虎兽是什么吗

在自然界中，动物之间的繁育是动物生存发展的唯一途径。但是有些时候，同一个区域的某些动物的数量达不到繁育后代的要求，这就导致了很多不同种动物之间发生繁育。

不同动物的繁育虽然不是同种动物的完全传承，但是却为动物的继续发展提供了一种新的可能性，同时也丰富了世界动物的多样性。

老虎和狮子是近亲，如果同一片区域上的同种动物的数量达不到繁育的要求，它们之间会不会繁育后代呢？你听说过狮虎兽吗？

狮虎兽就是狮子和老虎交配之后产下的动物，这种动物是雄狮和雌虎繁育出的后代。如果是雄虎和雌狮繁育的后代，则被叫作虎狮兽。这种动物最开始是在人类的饲养下繁育的。

狮虎兽是猫科豹属动物中体形最大的，它们继承了狮子和老虎的很多优点，它们爱游泳、喜欢在广阔的地方生存，有老虎身上的斑纹，却没有狮子夸张的鬃毛。但是它们的成活率非常低，而且寿命很短，所以现在世界上的狮虎兽和虎狮兽一共才有 1000 只左右。狮虎兽是一种非常稀有的动物，同时也是自然界神奇的创造。

第六章

狼兄狗弟

捷克作家米兰·昆德拉曾经说过："狗是我们与天堂的联结。它们不懂何为邪恶、嫉妒、不满。在美丽的黄昏，和狗儿并肩坐在河边，有如重回伊甸园。即使什么事都不做也不觉得无聊——只有幸福平和。"几千年来，狗一直是人类忠实的朋友，它们陪伴在我们左右，无私地奉献自己的一切。狗似乎很了解人类，其实狗并不是一直都陪伴在人类左右的，它们是通过人类的驯化，慢慢地成为了人类的朋友。狗的祖先是狼，虽然狗和狼性格上完全不同，但是外表看起来格外相像。下面，让我们一起进入狗和狼的世界吧！

什么时候出现了“狼”这个物种

狼的出现也经历了很长时间的进化演变历程。要谈狼的产生与发展，首先就应谈起整个生命的发展历程。在地球刚形成之时，地球的环境就犹如现在火星的生存环境一样，沙漠般的地表之上遍布着沙砾，几乎没有液态水的存在。大约在39亿年前，海洋出现在地球上，生命便是从海洋到陆地一步步进化而来，这为狼的登场奠定了环境和基因双重基础。大约在6500万年前，恐龙灭绝之后，以细齿兽为代表的哺乳动物纷纷登上历史舞台，当时的细齿兽就是现在的猫科、犬科、熊科、海豹和海狮等动物的共同祖先。

▼ 恐犬

大约在 4800 万年前，犬科动物从细齿兽中分化出来，它们分为古代犬、恐犬和现代犬三类。古代犬长得仿佛是狐狸和黄鼠狼的结合体，它们在大约 1500 万年前灭绝；恐犬长相介于鬣狗和狼之间，一张大而有力的嘴是它们的特征，250 万年前恐犬也逐渐灭绝；现代犬，也就是那时的“狼”，跟现在的狼体形和外貌方面有很多不同，它们的体形通常比现在的狼要大。我们现在所说的“狼”就是由现代犬进化而来的。

随着生物的不断发展、分化，狼出现了不同的类型，我们现在所说的狼一般指灰狼，此外灰狼还有很多亲戚。

狼的敌人有哪些

虽然狼群在一起的时候会“所向披靡”，但也有让狼闻风丧胆的天敌。狼的天敌都比狼要强大，虎和黑熊、棕熊就是能制衡狼的“强中手”。

虎的体形一般比狼大，它们一般身长 4 米左右，重达 300 千克左右。棕熊大的有 1000 千克，亚洲黑熊体形最小也有大约 150 千克。而狼一般体长只有 105 ~ 160 厘米，体重 30 千克左右。在体形方面狼就比前三者逊色很多了。老虎是山林之王，在虎的领地范围内，狼、豹子等的数量一般会受到压制，有所减少。因为体形的原因，狼在和老虎战斗的时候往往不能取胜。黑熊和棕熊个头大，当狼与这两者狭路相逢时，它们也往往不敢主动攻击挑事儿，只会灰溜溜地逃跑。在食物缺乏的冬季，熊还会偷袭狼窝，以小狼崽作为食物。

除了虎和黑熊、棕熊之外，人也是狼的致命天敌。虽然人类凭肉身与狼搏斗不一定能取胜，但是人类有着众多的捕狼方法和工具，兽夹、电网等捕猎工具会让狼伤痕累累。由于人类的捕杀，目前全球狼的数量在急速下降，保护狼成为人类的共识。

灰狼为什么能生存下来

曾几何时，灰狼和恐狼共同生活在地球上，如今恐狼早已没有了踪影，而灰狼还在山野、草原奔逐嚎叫。为什么恐狼灭绝了而灰狼却能生存下来？物竞天择，适者生存。灰狼能从众多凶猛动物中“脱颖而出”，除了四肢比恐狼的更长、更粗壮之外，灰狼在食性、行为、捕食策略、自身的身体结构等方面的优越性，使它比恐狼更能适应地球上的条件，因而存活了下来。

在食物充足的情况下，灰狼和恐狼都平安无事。但是在冬季比较漫长、气候干冷的第四纪冰期，地球上的温度不再像以前那样温暖，很多生物都难以忍受这样干冷的气候而灭绝，恐狼就在其中。而灰狼的皮毛和脂肪都较厚，具有很好的保暖功能。灰狼群体生活的方式和群体合作捕猎的方式也能够使其更好地捕到猎物，保证了它们的食物来源。灰狼虽然是食肉性动物，但是在食物不足时它们也会吃蜥蜴、蛇、蛙类、水果等。如果食物稀缺，

◀ 灰狼

灰狼还会吃腐肉，甚至下水捕鱼。灰狼可以很长时间不进食，两周不吃东西，体力也不会明显减弱。总而言之，灰狼能够生存下来并不是历史的偶然，而是多种因素综合作用的结果。

狼也有“近视眼”吗

什么是近视眼？近视眼也称短视眼，顾名思义，就是只能看清近的物体，看远方的物体会模糊。近视眼一般是因用眼时间过长、距离过近，姿势不对或照明光线过强或过弱造成的。那么狼是不是也会有近视的现象？

严格来说，狼并不是近视眼。狼对近处细小的事物难以分辨，如果你离它们很近，它们可能一时难以看清。但是狼对于动态的物体很敏感，在广阔的平原上，它们能很快发现猎物。人的最大的范围是 0 度～ 180 度，但是狼的最大视力范围能达到 0 度～ 290 度，所以视野比我们人类更宽，这也有利于它们在广阔的野外捕猎。狼不仅视野更宽，它们还是夜视眼哦！我们人类在黑夜中几乎是没有视力的，黑夜中微弱的星光或者月光，我们人类的视网膜难以"察觉"到，夜行人要依靠手电筒、蜡烛等人造光源，但是狼却可以利用不管白天还是黑夜都存在的红外线来观察事物。每个物体都会向外发射红外线，狼呈凹状的特殊眼睛结构，能将投入的光聚焦到焦点上，把物体看得更清楚。狼眼睛中视杆细胞比较多，含视杆细胞较多的视网膜对光具有敏感的感应能力。这两大优势令猎物在狼的眼睛里是无法"隐形"的，总难逃出它们的视野！

狼怎样"传情达意"

人类通常会通过语言、面部表情、体态动作等来表达自己的喜怒哀乐。我们的各种细微变化都是内心情感变化的外在表现。狼也是情感丰富的动物，它们是怎样沟通的呢？

狼会通过多种面部表情、尾巴位置和狼毛竖立来传情达意。当狼生气时它们会露出牙齿嚎叫，好像在说："我警告你！不要来惹我！”好奇时它们会竖起耳朵，长时间看着一个地方；担心的时候，它们会微微倾着自己的脑袋，眼角下垂；高兴的时候会眯着眼睛，咧开嘴巴，就像我们人类微笑时一样；群聚在一起时，它们还会通过用鼻子推彼此，或者互相轻咬下巴，或者相互摩擦颊部，或者相互舔脸，或者用嘴含住对方的嘴部等方式来表达自己的喜爱之情。但是，如果头狼用自己的嘴夹住其他狼的嘴，并且露出牙齿，这就是头狼在向其他狼展示权威了。

▼ 群狼好奇地望着远方

狼也懂得“团队合作”吗

在面对一项艰难、重大的任务时，团队合作往往是一种很好的解决方式，因为团队合作可以发挥团队中每个成员的优势，各尽所能，取长补短，在最短的时间内取得最好的效果，这种事半功倍的合作方式一直备受推崇。团队合作不仅需要成员之间相互协调、信任，而且需要靠领导指明方向，掌控大局。奇妙的是，狼也会“团队合作”。在面对成群的猎物时，头狼通常会分配任务。在发起攻击前，狼群会隐蔽自己，寻找猎物的弱点。经过观察后，

▼ 美国画家查尔斯 · 马里昂 · 罗素作品《飞蹄》，表现了一群狼合力围猎马群的场景

狼群会设法把这些猎物群中的老弱病残者隔离出来，然后突然发起攻击。在攻击时，雄性头狼一般会冲在最前面，雌性头狼紧随其后，头狼会死死咬住猎物的肩、臀、脖子、耳朵等这些猎物用后腿踢不到的地方。其他狼从猎物的旁边和背后分头进行侧攻和包抄，让猎物没有可逃之处。如果狼群发现目标猎物有伤病，就会追逐目标猎物奔跑，使其伤痛加剧，从而尽快抓到它们。

对于大型的猎物，狼群会采取长期战略，用长时间、长距离的追逐来消耗猎物的体力，狼捕猎时奔跑的速度可以达到每小时 50 千米左右。等猎物筋疲力尽后群起而攻之，它们用强有力的面部肌肉和长达 5 厘米的牙齿，紧紧咬住猎物不放。你能从狼的这种捕猎方式中学到什么呢？

狼的嚎叫在诉说什么

狼的嚎叫声在狼迷路时发挥着神奇的“定位”功能，除了“定位”功能，狼的嚎叫还有什么作用呢？狼的嚎叫声音频率为 150 ~ 1200 赫兹，高音略低于狗的高音。狼可以发出多达 12 种和谐的声调，因此它们的叫声可以比较平顺，也可以多次改变。一方水土养一方物种，不同地域的狼的嚎叫声具有不同的特点。北美狼的嚎叫声比较长，比较有韵律感；欧洲狼的嚎叫声比较大、比较响亮。虽然它们声音特色不同，但相互之间都能理解。平时

▲ 对着月亮嚎叫的狼

狼是不嚎叫的，只有在一些特殊情况下它们才会通过嚎叫传达一些信息。那么，狼的不同嚎叫在诉说着什么呢？

狼的嚎叫分三种：不满、发怒和其他叫声。当狼在保护食物时或幼狼在玩耍中不满时会发出发怒声，这种声音比较低沉，它们的发声频率为 380 ~ 450 赫兹。值得注意的是，玩耍时发出的怒声还会掺杂着好奇、焦虑等情绪。当狼在受到惊吓时，它们会吠叫不止，这种吠叫声不像狗那样大声。当狼群聚在一起觉得有危险时，为了给其他领地的狼造成错觉，就会使用“障眼法”，此起彼伏地大声嚎叫，这样其他领地的狼就认为它们狼群的数量很多而不敢进犯，狼的这种“诈敌”方式好机智啊！

狗的祖先是狼吗

如果你对狗稍有了解，就会发现有许多狗和狼长得十分相似。它们都有尖尖的耳朵，有会在夜晚发光的眼睛、嗅觉灵敏的鼻子，还有尖锐锋利的牙齿。它们之间有血缘上的关系吗？要不然，怎么会长得那么像呢？

关于狗的祖先的问题，生物学上一直都有两种观点并立。这两种观点分别是一元说和多元说，在这两种说法中，关于狗的祖先到底是谁有很大的分歧。一元说认为，狗是由狼驯化而来的，狼是狗的唯一祖先。早在人类饲养狗之前，狗的祖先就在进化了，它们一点一点地变得更像狗。多元说是和一元说对立的观点，但是这种观点也没有否认狼和狗之间的“亲戚关系”。多元说认为除了狼之外，狗的祖先还有其他生物。为什么会有这么一种观点呢？这都是伴随着狗品种的多样化产生的，许多生物学家，包括大名鼎鼎的达尔文，都认为狗很可能是狼、狐、豺等动物杂交的结果。这种杂交导致许多“混血儿”的诞生，现在数不胜数的狗种，正是长期以来人类对狗进行精心选育外加遗传变异的结果。

由此看来，狗的家谱并没有我们想象的那么简单！但是不管哪种说法，都肯定了狼是狗的主要祖先这一点，狗和狼之间的血缘关系是可以确定的。

▲ 狼狗和金毛猎犬

狗的嗅觉为什么异常灵敏

我们经常在电视上看到警察带着警犬追捕犯罪嫌疑人。警犬这儿嗅嗅，那儿嗅嗅，就能确定犯罪嫌疑人的逃跑方向，一路追过去，不抓到罪犯绝不罢休。狗能够追捕犯罪嫌疑人，和它有一个灵敏的鼻子是分不开的。那么，狗的嗅觉为何会如此灵敏呢？

狗对气味的敏感程度非常高，辨别气味的能力也很强。狗的嗅觉感受器官叫作嗅黏膜，位于鼻腔上部，表面有许多皱褶，面积约为人类的 4 倍。这还不算，狗的嗅黏膜内的嗅细胞有 2 亿多个，竟然是人类的 40 倍！ 4 倍于人类的嗅黏膜面积，再加上 2 亿多个嗅细胞，无怪乎狗辨别气味的能力会这么强了！

研究表明，狗的嗅觉不但灵敏，而且精准。狗可以在诸多气味中嗅出特定的味道，发现气味的能力是人类的 100 万倍甚至 1000 万倍，分辨气味的能力超过人的 1000 倍。一只经受过专业训练的警犬甚至能辨别 10 万种以上的气味，人们正是利用犬类的这一本领来为自己服务的，例如缉毒犬的作用。

说来说去，这都是因为狗拥有一个灵敏的鼻子。这个黑乎乎的小鼻子虽然其貌不扬，作用可是不能小觑的。

▼ 嗅觉异常灵敏的狗鼻子

小贴士

狗是一种嗅觉很灵敏的动物，但它们的舌头似乎品不出味道来，有些特别咸或特别甜的食物，它们依旧吃得津津有味。

狗会像小孩一样换牙吗

小孩长到七八岁时就开始换牙了，对大多数孩子来说，换牙是一个痛苦的过程。事实上，经历这种痛苦的不只小孩，家里养的宠物狗也是会换牙的！

狗长到五六个月大时，就相当于人类七八岁的年龄了。这个时候，狗的乳牙会慢慢脱落，与此同时，狗的恒牙开始生长。恒牙就像咱们人类的大人的牙齿，会伴随着狗一直到老。当狗的恒齿全数代替乳牙之后，就标志着这条狗换牙的过程结束了。一条狗全部换完牙，要花五六个月的时间。一般而言，到一岁左右的时候，狗的恒齿就能长齐了。

狗换牙是不争的事实，但是有人或许会反驳说：可是我从没见过哪条狗掉过牙齿啊！的确，狗和人不一样，狗掉了牙之后不会将它吐出来，而是把牙齿吞到肚子里。但是不要担心，狗的牙齿会随粪便排出体外的。更有意思的是，狗也有看牙医的必要，如果狗的乳牙不自动脱落，就应该请兽医帮助拔掉。因为乳牙一直不脱落，就会影响恒齿的生长。

一般而言，养狗的人都不会注意到狗在换牙。细心的人可能会看到狗有牙龈出血的现象，这是新齿未长出而旧齿过早脱落造成的。不要担心，只要饲喂合理，不会对新齿生长造成影响。

为什么说狗的耳朵“会说话”

很少有人能够主动控制自己的耳朵动起来，但是，对狗来说，这件事真是简单极了。每只狗都可以轻松控制自己耳朵的形态和姿势。因为这是它们的一种交流方式。狗无法像人类一样进行语言沟通，因而，从某种意义上说，狗的耳朵是能够“说话”的。

现在我们来看看，狗的耳朵都会“说”哪些话吧！最容易理解的“耳朵语言”就是直立的耳朵，这是很漂亮的姿势，但是却有好几种不同含义。当狗被新的声音或现象吸引时，耳朵就会直立或稍微向前倾，这就像在说“怎么了？出了什么事？”当狗聚精会神地观察周围时，这种耳朵的姿势是在说“啊，这可真有趣！”如此看来，狗也是一种好奇心很强的动物。如果狗的耳朵向后拉，这是一种恐慌的表现，就好像在说“我害怕，别再威胁我，否则我要反击的”。如果狗的耳朵耷拉下来，那就是承认自己做错了事，在恳求你的原谅，这个时候你最好拍拍它的脖子，这样，它就知道主人不再责怪自己了，立刻变得欢快起来。

狗的耳朵的确能表达很多内容，仔细观察的话，更有利于我们和狗的沟通，拉近我们和狗狗之间的情感距离。相反，如果你不搞懂狗的语言，对一只已经承认错误的狗横加批评，一定会深深地伤到它的心的。

小贴士

狗的眼睛最能传情达意，它的愤怒、可怜大多通过眼睛流露出来。除了眼睛之外，狗的舌头也能表达自己的感情。狗的舌头吐出来的时候，能表达一种欢快的情绪。

狗难道真的是色盲吗

你有没有想象过，如果这个世界没有了颜色会变成什么样？不仅仅是世界变得单调了，生活也会凭空多出许多麻烦，比如无法分辨红绿灯。你知道吗？所有的小狗都是色盲，它们生活在一个单调的视觉世界里。

在同情小狗的同时，大家一定也对这个问题十分感兴趣：到底是什么原因使小狗成为色盲呢？人之所以能够看到五颜六色的

▲ 狗眼中的世界与人眼中的世界，颜色大不相同

东西，是因为人的视网膜上有好多种视锥细胞，正是这些视锥细胞使人类的眼睛有了分辨各种波长的光波的能力。而对各种光波的识别，则相应地使人类能够看到各种颜色。但是，狗的视网膜和人是不同的，上面只有两种视锥细胞，它们只能识别短波长和中长波长的光波。正是在光波识别上的差距，使狗只能看到极其单调的颜色。在光学上，波长短的光波是蓝光，中长波长的光波是红黄光。所以，狗的眼睛就只能感受到蓝光和红黄光，只能够分辨深浅不同的蓝色和紫色。在狗看来，世界可不是五彩缤纷的，而是黑色、白色和暗灰色的。比如，绿色对狗来说是白色，所以绿色草坪在狗看来是一片白色的草地。

虽然无法看到五颜六色的大自然，但是这似乎并没有降低狗探索这个世界的兴趣。狗用灵敏的嗅觉和听觉，弥补了它视觉上的不足。

狗最害怕什么

每种生物都有自己最害怕的事物，那么狗最害怕什么呢？有人可能要说了，狗非常勇敢，甚至可以跟野兽搏斗，哪有它害怕的东西呢？事实上，再勇敢的狗也有胆小的一面，狗害怕的东西可不是一样，现在让我们一起看看一向勇敢的狗最怕什么吧！

由于听觉异常灵敏，狗对突如其来的较大声音（如闪电雷鸣、飞机轰鸣、鞭炮声等）有一种莫名的恐惧。在遇到这种声音时，它们会夹着尾巴逃到安全的地方，或缩着脖子钻到窄小的地方。这还是好的，如果声音大到一定程度，狗甚至会对食物毫无兴趣，即使你责备它也毫无效果。春节期间是中国人最欢乐的时候，但也是中国人养的狗“度日如年”的时候。除了声音之外，很多狗还对闪光和火特别害怕，这和狗的视觉十分灵敏有关。当火光在狗的领地内出现时，它会小心地围着吠叫，于是就出现许多狗报火警的故事。如同人类一样，死亡对狗来说也是一件极其恐怖的事。当然，这主要是指同类的死亡。狗死后发出的气味，对活着的狗具有强烈的恐怖刺激，即使平时最亲密的伙伴和后代也不敢靠近。当面对同伴的死亡时，它们往往表现出毛发竖立、步步后退、浑身颤抖的表情。有的狗还对皮革有恐惧感，可能是皮革上残留有其他动物气味的缘故。

有时狗的恐惧是由它自己无法理解的现象引起的。如一些能发出鸟兽叫声并且会动的玩具，没人时被风吹动的门等，都使狗感到毛骨悚然。

狗会做梦吗

夜幕降临，人们躺在床上进入了梦乡，狗卧在自己的小窝里也香甜地睡着了。每个人都会做梦，噩梦让我们虚惊一场，好梦让我们流连忘返。做梦是一件神奇而美妙的事，伴我们入眠的狗会不会做梦呢？

与人相较，狗经常无法睡个安稳觉。为了守家护院，狗在晚上大多处于浅睡状态，一有动静，它就立刻提高警惕。当然，狗并不是一直处于浅睡状态，如果四周十分安静，狗就会进入沉睡状态。一旦进入沉睡状态，它就会将全身舒展开来，样子十分可爱。只有在沉睡状态中，狗才会做梦。如果你细心观察的话，就会发现，沉睡中的狗有时会发出轻声的吠叫和呻吟。这就是狗在做梦的表现，这种吠叫和呻吟就像我们平时在“说梦话”。狗在睡觉时不但会“说梦话”，还会“发癔症”呢！它们时常会做一些诸如抽动四肢、摇摇头、抓抓耳朵之类的动作。更有趣的是，你甚至可以猜测它做的是噩梦还是美梦。如果狗梦到自己喜欢的事物或人，它很可能摆摆尾巴；如果梦到自己的宿敌，那它脖子上的毛可要竖起来了！

原来狗也会做梦，它们到底梦见了什么呢？真想听狗亲自说一说。可惜，狗不会说话，不能告诉我们。我们只好退而求其次，根据它们的动作和神态来判断它们到底做什么梦了！

为什么“狗改不了吃屎”

中国有句古语“狗改不了吃屎”，这句话的意思是说一个人习性难改。如此看来，狗一定有吃屎的习惯了？这件事对于养狗的人来说会觉得十分讨厌，但是狗的确有这么个习惯。那么，狗为什么要吃屎呢？

狗喜欢吃粪便，甚至会吃狗类自己的排泄物。还有一些狗偏爱吃马的排泄物，甚至猫的排泄物。老人一般认为，这是由于饮食不好的缘故，因为吃不饱，所以狗就放下“自尊心”，开始吃排泄物了。现在，这种说法被全盘否定了。最新的研究结果表明：这很可能是狗胰脏中酵素缺乏造成的，而且这种行为也被认作是“清洁工行为”。狗的这种习性还和狗的一些其他习惯有关，比如，母狗经常舔小狗的屁股，以此教它们学会大小便。在舔的过程中，母亲就吃掉了小狗的排泄物。在原始犬中这种行为还有两个目的：一是使兽穴区域保持干净；二是除去吸引掠夺者的味道。小狗会学习母亲的这种行为，而且这将刺激它们吃自己的排泄物。那成年狗为什么吃排泄物？研究者认为一些狗会学习来自其他狗的这一行为。

值得一提的是，对于一些狗来说，吃屎可能不是基于习性而是故意为之。比如，对于一些患有焦虑症的狗，吃排泄物也可能是寻求注意的行为。养狗的人都讨厌狗的这种行为，但是，如果你耐心教导，还是可以帮它纠正的。

狗为什么喜欢“拿耗子”

中国有句古话，“狗拿耗子，多管闲事”。这句话很容易理解，因为捉老鼠是猫的事，作为一只狗，只要看好家就行了，干吗要去管猫的事呢？但是，这句话恰恰说明了狗的一种本性。到底是什么本性让狗做出“拿耗子”这种事呢？

狗是由狼进化而来的。狼生活在野生的环境中，要想存活就要依靠自己的力量进行捕食。虽然经过了上万年的进化，狗已经不必再像狼一样捕食了，但是，它的血液里还是残留着捕猎的激情，这种激情是无法彻底消除的。随着狗的生活日益社会化，狗见到野生动物的机会也越来越少了。狗捉老鼠只是出于对“捕食”的怀念。这就好比现代的都市人要在网络的 QQ 农场种菜一样，虽然网络上的农场是虚拟的，但是仍然可以反映人们对田园生活的怀念。同样的道理，虽然捉老鼠是一种小“消遣”，却满足了狗对原始生活的向往。

由此看来，狗拿耗子，根本就不是在多管闲事！它拿耗子完全是出于自娱自乐。

第七章

人类的良伴
猫和马

千奇百怪的猫，它们的一生独具魅力，变化多样。作为人类，虽然我们和猫朝夕相处，共同居住在美丽的地球大家园里，但在猫奇特的一生中我们总有很多的“不知情”。它们不会说话，也不懂人类的语言，对于我们来说，它们的一生都充满着有趣的故事。

马也是人类的好伙伴，它们有高大的身材，强壮的骨骼，善于奔跑的四肢。野马第一次被人类成功地驯化，是在大约 5500 年前的哈萨克斯坦北部平原上。在古代，马不仅随人们南征北战，而且在生产、生活和交通方面发挥着巨大的作用。

猫与马的一生和人类一样，从呱呱落地到长大衰老，虽然短暂，却充满着无数的谜题。作为人类忠实的朋友，它们的习性、特点有很多并不为人知晓。就让我们来一起了解猫和马的一生吧。

哪些动物属于猫科动物

你有没有发现，有很多动物和猫长得有点类似。是猫长了一张“大众脸”，还是这些动物都是猫的近亲呢？

一般情况下，这些长得很像猫咪的动物，如老虎、狮子、猞猁都和猫一样属于猫科动物。在广袤的地球上，猫科动物分布得相当广泛，现在全世界已知的就有 41 种。根据物种起源的说法，它们都来源于 1800 万年前的一个共同的祖先。猫科祖先的基因随着时间的变迁不断进化，不断变异，就逐步形成了我们今天看到的形态各异的猫科动物，但是每一种猫科动物都长着一张相似的脸。

猫科动物又被生物学家分为了三个亚科，就是猫亚科、豹亚科和猎豹亚科。猫亚科中的动物都是中小型，如我们最亲密的家猫、在野外生活的斑猫这些小型猫类，以及猞猁、渔猫这些中等体形的猫类。猫亚科中包含的猫科动物种类最多，这些动物之间也长得最像，最不容易分清楚。

在猫科的三个亚科中最引人注目的要数豹亚科，豹亚科中的动物都是猫科动物中的大型成员。老虎、狮子和豹，都是进化到顶级的捕猎者，都是令人闻风丧胆的杀手。

最令人惋惜的是猎豹亚科，这一科只有一个物种，就是猎豹。猎豹是奔跑速度最快的哺乳动物，却因为它们华丽的毛皮而遭到

▲ 非洲猎豹

偷猎者的大量捕杀，由此导致数量急剧下降，并且有灭绝的危险。

这些猫科动物仿佛是自然的精灵，通过长时间的进化才得到完美的身姿，难道要让它们就此消失吗？保护动物，是我们每个人应当肩负的职责！

世界上最长寿的猫活了多久

想知道迄今为止世界上最长寿的猫活了多久吗？就让我们一起来揭开这只长寿猫的神秘面纱吧。

据英国《太阳报》报道，一只名叫“惠斯基”的大花猫足足活了33年。这可是迄今为止人类知道的最长寿的猫了。33岁，如果换算成人类的年龄，就是231岁，惠斯基真是名副其实的老寿星。

按照惠斯基的主人吉恩·斯通所说，他是1971年3月17日在东伦敦的一个垃圾箱里发现惠斯基的。那个时候的惠斯基身体虚弱，瘦瘦小小，连眼睛都还没有睁开，一看就知道是一只刚刚出生的小猫。吉恩·斯通看小猫可怜，怕它有生命危险，就把它带回家，取名惠斯基。谁能想到一只捡来的小花猫竟然活了33年，这真是一个惊喜。

惠斯基33岁的时候，门牙已经掉光了，但身体依然健康。它每天照常吃饭，然后就待在温暖的地方安静地睡觉。

但是，因为惠斯基没有获得世界吉尼斯组织的认证，所以在吉尼斯世界纪录大全中，目前最长寿的猫是英国一只于1990年出生的猫波佩。它在2014年6月去世。去世时，波佩已有24岁，它在当年的5月19日被吉尼斯世界纪录认证为世界上年龄最大的猫。

猫的胡须有什么作用

一根根长长的胡须长在猫咪憨态可掬的小脸上。对于猫来说，这长长的胡须有什么用呢？为什么母猫也有胡须呢？

猫在猫妈妈肚子里的时候就已经有胡须了，所以不管是公猫还是母猫，它们的脸颊上都有长长的胡须。

▲ 长着长胡须的猫

胡须对于猫来说主要有三大作用。

第一大作用，胡须是一把尺子。当猫在黑暗的地方或者在狭窄的道路上行走时，胡须会轻微地抖动。如果胡须没有碰到任何边缘，猫就可以安全地通过；如果胡须碰到通道的边缘，猫就会停下脚步，不再往前走。猫一旦不小心进入这种地方，就会像塞子一样进去出不来，这可是非常危险的。所以，千万不能用剪刀把猫的胡须剪掉，否则猫在钻老鼠洞的时候可就危险了。

第二大作用，胡须是猫的平衡器。猫活跃起来是上蹿下跳的能手，为了保持平衡，就要借助自己长长的胡须来判断自己的重心是否平稳。

第三大作用，胡须是眼睛的保护伞。胡须一般长在猫的眼睛上方和面颊上，如果有危害到猫眼睛安全的事情发生，胡须第一时间就会感受到，猫可以立刻做出反应，避免眼睛受到伤害。

胡须就像猫的小手一样，是重要的触觉器官，作为猫的朋友，我们要好好保护它们的胡须。

为什么小猫刚睁开双眼时眼睛都是蓝色的

你见过刚刚出生的小奶猫吗？它们的身体软绵绵的，连站都站不稳。猫刚出生的时候，眼睛是闭着的。但不要以为没有睁开眼的小猫就是盲猫，在它们出生后的 5 ~ 14 天内就会张开眼睛的。这个时候我们会发现，不管小猫的妈妈和爸爸的眼睛是什么颜色

▼ 蓝眼睛的猫

的，小奶猫的眼睛都是蓝色的，像蓝宝石一样漂亮。

一般来说，小猫瞳孔的颜色遗传自它的妈妈和爸爸。但是，为什么刚刚出生的小奶猫眼睛都是蓝色的？生物学家通过对猫瞳孔的研究发现，这个时候的蓝色并不是猫原本瞳孔的颜色，而是猫瞳孔上一层保护膜的颜色。

小猫在出生后，它们的瞳仁上都会覆盖一层灰蓝色的虹膜，也就是使我们看到蓝色眼睛的原因。我们知道，猫并不喜欢强烈的太阳光，因为强烈的光线会刺伤猫的眼睛，而对于小猫来说，强烈的外部光线更是会严重损伤它们本就没有发育好的眼睛。这层蓝灰色的虹膜像一道窗帘一样，隔绝了大部分的光线，能够好好地保护猫脆弱的眼睛。等到猫的眼睛发育完全了，这层蓝色保护膜就会渐渐褪去，大概在猫一个半月大的时候，它们的眼睛就会呈现出本身的颜色。到了那个时候，你就可以看到猫散发着独特光芒的大眼睛了。

猫有第三眼睑吗

当我们把手放到眼睛上的时候，上眼皮就会不自觉地落下，盖住自己的眼睛，这是我们的上眼皮在保护我们的眼睛。在科学上，眼皮被称为眼睑。人类有上下两个眼睑，像两扇大门一样，对眼睛起到了很好的保护作用。

但是，很多动物却嫌只有上下眼睑起的保护作用不够，在眼球前还生成了一层薄薄的薄膜，就是我们所说的第三眼睑，它也被称为瞬膜。

作为孤独的夜行侠，猫害怕光线，在它们大而有神的眼睛里当然有第三眼睑。

猫的第三眼睑是一层白色的薄膜，这层白膜覆盖在猫眼角的结膜处。当猫眨眼的时候，它的第三眼睑会在旁边稍微遮盖一下眼睛，达到保护角膜和清除进入眼睛里的脏东西的目的。猫的第三眼睑还能让猫不眨眼睛也能保证眼睛不出现过分干燥的状况。猫的祖先生活在干燥缺水的沙漠地区，强大的第三眼睑能让猫在恶劣的环境下保持良好的视力，是保护猫眼的最好铠甲。

小贴士

如果猫长时间展露出自己的第三眼睑，就证明这只猫的身体状况很差，有可能是累了想睡觉，也有可能是生病了。

猫的鼻子为什么总是湿的

摸一下猫小巧的鼻子，是不是凉凉的、湿湿的？就算在最干燥的冬天，猫的鼻子也总是湿漉漉的。难道猫都得了鼻炎，一直

▲ 湿漉漉的猫鼻子

在流鼻涕吗?

凡是身体健康的猫，除了睡眠的时候，鼻子都是十分湿润的。

其实并不只有猫的鼻子是湿润的，狗、狼等很多动物，它们的鼻头都是冰凉、湿润的。这些动物有一个共性，鼻子都很灵敏，而它们良好的嗅觉就与湿润的鼻子有关。空气中会夹杂很多的气味，猫和狗会利用湿润的鼻子来分解空气，并且让空气直接和鼻黏膜接触，以保证自己灵敏的嗅觉。

猫的鼻头通常是黑色的，是因为猫的鼻黏膜是黑色的，鼻子长期分泌液体，导致鼻头也变成黑色。

猫没有得鼻炎，鼻头上湿润的液体也不是鼻涕。相反，如果猫在不睡觉的时候鼻子也变得很干燥，那么这只猫很可能已经生病了。

猫为什么那么懒

“小懒猫、小懒猫起床了”，基本上每个养猫人每天都要对着自己的猫说这句话。就算是公园里的流浪猫，它们大部分时间也是在睡觉。

科学家给猫睡眠记了一下时间，他们发现，猫每天要睡 12 ~ 16 个小时，平均睡眠时间达到 13 ~ 14 个小时，有些甚至能达到 20 个小时。懒猫们真是无时无刻不在打瞌睡，这是为什么呢？

科学家们对猫进行医学解剖后发现，猫的生理结构可以使猫在短时间内爆发出强悍的能力，从而迅速快捷地做出反应。猫科动物的狩猎不是耐力的考验，而是需要在短时间和短距离内发挥出最高效率的爆发力，只有这样才能出其不意地捕获猎物。因此，

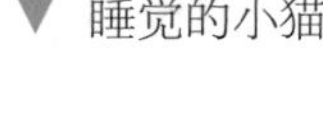
▼ 睡觉的小猫

除了那必发的一击，其他时候猫科动物都是在积蓄力量，也就是静静地不动，而猫就选择了睡觉。

但是猫每天的睡眠之中只有三分之一左右的时间是在酣睡期，也就是我们说的睡得死死的，其他睡眠的时间都很容易被惊醒。它们眼睛闭着，耳朵却一直灵敏地捕捉着周围的风吹草动。

不要怪猫天天都在睡觉，睡一个好觉是猫一天中最重要的事。

猫是不是从来不出汗

我们都知道，人在剧烈运动之后或者天气很热的时候都会排汗，也就是我们所说的出汗。可是猫好像从来都不出汗，即使是在 40 摄氏度高温的夏天，猫却一点也不热的样子，长长的毛发没有一点出汗的痕迹，难道猫不用排汗吗？

其实不是的，猫咪也会流汗，只是它们流汗的地方太隐蔽，一般情况下是看不到的。猫的全身也像人一样布满了大大小小的汗腺，但跟人不同的是，猫身上会流汗的大汗腺仅位于 4 只肉肉的脚爪底下。所以，猫在夏天热的时候，或者在剧烈运动之后，脚底会流汗。在小猫玩耍和奔跑之后掰开猫肉嘟嘟的脚掌，就可以看到脚趾间微湿的汗渍。

而且，猫总是能在炎热的夏天找到最凉爽的地方待着，在睡梦中度过炎热的白天，到了凉爽的晚上才出来活动。猫一躺下连动都不动，所以不会像刚运动完的我们一样大汗淋漓。再加上日常的排汗是在它们长着尖锐指甲的爪子上，所以，想看猫流汗，非要细心不可。

猫能听到人听不到的声音吗

猫除了视力很好，听力是不是也很棒？它也能听到我们听不到的声音吗？

你有没有注意到，沉睡的猫就算全身都放松了，还有一个地方不会放松，那就是耳朵。除了著名的苏格兰折耳猫因为基因突变耳朵会耷拉下来，我们平时看到的猫都是竖着一双尖尖的大耳朵，就算睡觉也不让自己的耳朵休息。只要一有风吹草动，猫就会立刻从睡梦中醒来，瞪着一双圆溜溜的大眼睛，警惕地观察周围的一切。猫的耳朵是非常灵敏的。

我们知道，声音有大有小，当别人说话声音太小的时候，我们就会说："声音大点，我听不清楚。"那么什么样的声音是我们听不到的呢？科学家们几百年来对声音做了各种各样的研究，他们发现，人的听觉范围在 20 ~ 20000 赫兹之间，低于 20 赫兹或者高于 20000 赫兹的声音我们都听不到。那么猫听觉在哪个范围呢？科学家也对猫的听觉做了实验，实验证明猫的听觉在 60 ~ 65000 赫兹之间。20000 和 65000 哪个更大呢？显然是 65000，也就是说，如果一个声音的频率在 20000 ~ 65000 赫兹之间，猫听到后会立刻做出反应，而我们人类则一点感觉都没有，因为我们听不到频率高于 20000 赫兹的声音。所以，猫可以听到我们人类听不到的声音。

猫能看见人看不到的东西吗

猫的眼睛大大的，总是警惕地观察着周围。人们都说，猫的眼睛透着一种神秘，似乎能看透一切，到底猫的大眼睛能不能看见我们看不见的东西呢？

这个“人类看不见的东西”可不是指不存在的鬼神，而是指在同一情况下，猫的视力要比我们人类好得多。

仔细观察你会发现，猫的眼球比我们的要短而圆，所以猫的视野要比我们人类的视野更开阔。把你的手指放到猫眼睛的斜后方，不要以为猫看不到，它的视野可比我们的视野广阔。跟猫捉迷藏的时候，一定不要以为站到猫身后就没事了，一不留神它就

▼ 猫眼

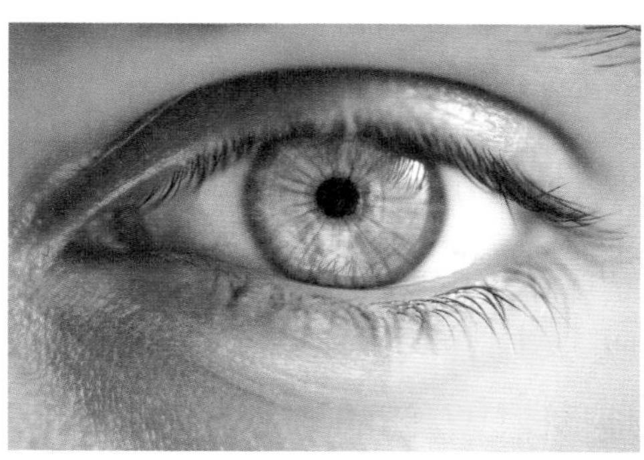

看到你摆动的衣角。

对于人类来说，漆黑的夜晚可不比白天，是个陌生的世界。猫可不一样，在它们的眼里，黑夜比白天更熟悉。在漆黑的深夜，我们都睡了，猫用它们得天独厚的夜视眼帮我们守护家园，驱赶老鼠、追逐蟑螂，还能对抗各种光临我们温暖家园的不速之客。

猫这双火眼金睛，让我们每天都生活在干净舒适的环境中。

马科动物都有哪些

很久以前，马科动物的种类是多种多样的。但是，现在马属是唯一存在的一个属。尽管这样，在现存的奇蹄目中，马科动物种类的数量依然是最多的，分布也是最广泛的，更是我们熟悉的。你知道马科动物的成员都有谁吗？

现代马科主要分布在欧亚大陆和非洲大陆，主要包括马、驴和斑马等。然而，大部分野生马科动物的生存环境都比较恶劣，生存和生活都面临着困难，一些种类甚至面临着灭绝的危险。马我们已经非常熟悉了。奇蹄目马科的另一个成员是野驴，非洲和亚洲是它们分布的主要地区，所以分别被称为“非洲野驴”和“亚洲野驴”，生活在气候干旱地区的非洲野驴对环境有着很强的适应力。亚洲仅有的野生驴类就是亚洲野驴，它们主要生活在亚洲地形比较开阔的地带。在非洲东部到南部之间，那里的地形平坦开阔，平地面积较大，是普通斑马的主要生活区域，有一种曾经生活在南非的斑马，在外形上和普通斑马比较相似，人们叫它拟斑马。拟斑马的花纹和普通斑马的花纹有很大的不同，它们身上有条纹的地方并不多，而且只是分布在局部地方。早在 1883 年的时候，拟斑马就灭绝了。山斑马是最早被人类叫作“斑马”的。细纹斑马是目前体形最大的野生马类，山斑马则是目前体形最小的野生马类。

马的种类有多少

在现存的奇蹄目中种类数量最多的是马科。马科也是现存奇蹄目中分布最广泛的。在很长一段时间内，马与人类的生产和生活息息相关，人与马朝夕相处，对马科非常的熟悉。马科所有的成员都是马属性的动物。由于马类的自然进化与交配、人工干预马的交配培育等原因，这个世界上有许许多多不同品种的马。多种多样的马的类型，使得马的世界变得精彩纷呈。你知道世界上马的种类究竟有多少吗？

根据有人调查的统计数据，目前世界上，已知马的品种有 200 多个。中国有 30 多个品种，可以分为五大类，分别是小型地方品种、乘用型、快步型、重挽型和挽乘兼用型。许许多多马的种类也广泛分布在广阔的欧亚大陆和非洲，其中有主要产于中国内蒙古草原的蒙古马，它们生命力顽强，经过调训之后，是一种非常优秀的战马；产于黄河上游青海、甘肃和四川三省交界处的河曲马，是一种非常善于农业生产的马；国外有像明星一样迅速走红的荷兰温血马、产于阿拉伯的阿拉伯马、原产地为苏联的奥尔洛夫马、产于阿尔登山区的阿尔登马等。

马的种类繁多，而且分布广泛。在世界上的各个角落生活着的不同种类的马，或是在野外自由自在地过着自己的生活，或是与人类生活在一起，给人们带来了帮助和欢乐。

汗血宝马真的流汗如血吗

司马迁在《史记》中记载，张骞出使西域回来之后，说道：“西域多善马，马汗血。”所以，这种马在中国一直被人们神秘地称为“汗血宝马”。那么，张骞为什么说“马汗血”呢？难道，汗血宝马真的流汗如血吗？

清朝人德效骞在《班固所修前汉书》中，将“汗血”解释为“马病所致”。在他看来，在汗血马的背部寄生着一种寄生虫，它通过钻进汗血马的皮里面，从而使得马皮在短短的两个小时之内，就会出现一些小包，而且这些小包会往外渗血。外国的一些专家经过考察也认为“汗血”现象与寄生虫有关，但是另外的一些学者却不认同这一观点，他们坚定地认为，汗血马流出“汗血”的现象，真的是马的血在向外流出！当马在奔跑的时候，体温不断升高，马体内有少量的红色血浆会随着汗水从毛孔中渗出来。

而反对这个观点的人认为，如果汗血马真的是马的身体在流血，那么每一次的“日行千里”不就会导致一匹宝马因为血浆流尽而死亡吗?

土库曼斯坦是汗血宝马的故乡，这里的养马专家说，我们看到的汗血宝马“汗血”，只是因为马在奔跑时，血液在血管中流动加快，再加上汗血马的皮肤薄，很容易被人们看到。另外，对于一些毛色和血液接近的汗血马，比如枣红色或栗色毛的马，它们出汗后会使得局部的毛色更加鲜艳，所以往往会给人以“流血”的错觉。

原来，汗血宝马真的是“流汗如血”，但这种现象只是人们的一种错觉，可不是真的在流血哦!

▼ 汗血宝马的故乡土库曼斯坦的马

谁是最美丽的马科动物

马、驴和斑马等都是马科动物，在这些马科动物当中，谁的衣服是最漂亮的呢？谁才是最美丽的马科动物呢？这个当然要归属斑马了。斑马黑白相间的外衣是草原上一道亮丽的风景线。

斑马其实是斑马亚属和细纹斑马亚属的统称，它们主要生活在非洲广阔的草原地区，是非洲的特产马种。斑马因为美丽而独特的细长条纹而变得很有名气，每匹斑马身上的条纹都是不一样的。普通斑马也称草原斑马，身体的长度为 200 ～ 240 厘米，肩高为 120 ～ 140 厘米。较宽的黑色条纹布满了全身，只有腹部没有。

▼ 斑马

普通斑马主要分布在非洲的东部、中部和南部，水草茂盛的热带地区是普通斑马的主要栖息地。而山斑马是体形最小的一种斑马，仅仅分布在西南非洲和南非开普省的山上。现在山斑马的数量已经变得很少了，细纹斑马也面临着灭绝的危险。

斑马主要以草为食，但也吃灌木、树枝、树叶甚至树皮。斑马对环境的适应能力很强，它们拥有很强的消化系统，就算是处在营养不充足的环境里，斑马也可以维持生存。因此，斑马要比其他食草动物的生命力强许多。斑马属于群居性动物，通常情况下，一个群体由10匹左右斑马组成。而且它们的队伍还非常的团结友爱，它们是不会抛弃任何一个成员的，即使是已经变得年老体弱的成员也会得到群体的照顾。

谁是家驴的祖先

家驴和人们的生活关系非常密切，那你知道，谁是家驴的祖先吗？

非洲野驴是属于马科类中的一种野生动物，也是非洲的唯一一种驴属动物。人们普遍认为非洲野驴是家驴的祖先。非洲野驴和家驴的皮毛颜色都是青灰色中掺杂着一些棕色，十分相像。但是，非洲野驴鸣叫的声音和家马是一样的。它们的身体长度约为200厘米，尾巴的长度约有42厘米，而身体的重量约为275千克。非洲野驴的耳朵比亚洲野驴长一些。它们主要分布在埃塞俄比亚和索马里，生活在气候比较干旱的东非草原和其他干燥的地区。非洲野驴可以忍受强烈的阳光暴晒，它们的主要食物是植物，比如草、树皮和树叶。它们对水源的要求比较低，但是每天都必须汲取一定的水分，如果它们当天所吃的食物比较干，不能为它们提供水分供身体消耗，它们就必须靠饮一次水来补充水分。非洲野驴也是一种群居动物，常常是 10 ～ 15 头结成一队一起行动，而它们的首领是一头很机警的雌驴。如果采取由人圈养的形式，非洲野驴可以存活 40 年呢！

家驴的祖先非洲野驴的生存现状并不是十分乐观。亚洲野驴还有一定的数量，但是，非洲野驴已经成为一种濒临灭绝的动物。

◀ 非洲野驴

为什么斑马身上长着条纹

斑马最明显的特点就是它们身上的黑白相间的条纹。这些条纹，是纯粹为了美丽，还是对斑马有什么别的作用呢？

首先，一个很重要的作用是逃避和迷惑敌人。斑马生活在广阔的草原上，这里生存着很多厉害的食肉动物，它们是斑马等食草动物的天敌，如果斑马不小心，就可能会被大型食肉动物吃掉。白天时，斑马会在草丛和树林里吃草或者休息，到了夜幕降临的时候，它们才会一起来到河边饮水，而其身上黑白相间的细长条纹可以将它们很好地隐蔽在夜色中，从 50 米以外的距离看它们是模糊的，食肉动物也就不会轻易地发现它们了。

其次，是为了斑马之间的相互辨认。因为每匹斑马的条纹都是不一样的，这成为它们识别其他斑马和自己关系的依据，就像我们识别他人的脸一样。如果一匹正在哺乳期的斑马妈妈身上的条纹发生改变，小斑马就认不出来哪个是自己的妈妈了。

斑马身上条纹的数量和它们生活的环境也有很大的关系。越是在天气炎热的国家，斑马身上的条纹也就越多越细。草原上数量庞大的蚊虫并不叮咬斑马，原因就在于斑马身上的条纹。斑马会时常抖动着身上的肌肉，从而带动身上的条纹产生波纹一样的动感，蚊虫看见之后就不敢再靠近斑马了。如此看来，斑马身上的细长条纹还是斑马的护身符呢！

第八章

珍奇的海洋动物

在我们的印象中，企鹅是南极的代表。你知道吗？其实企鹅不仅仅分布在南极，它们还分布在南半球的温带地区，甚至某些靠近赤道的热带地区。世界上鲜有其他鸟类像企鹅这样，既能在零下 60 摄氏度的严寒中生活，也能在温带甚至热带生活。

在这一章，我们要介绍几种与海洋相关的动物，我们可能听说过它们，但它们还有很多有趣的秘密是我们不了解的。下面，就让我们一起去看一看吧！

笨重的企鹅是鸟吗

光滑的冰上，企鹅一摇一摆地走了过来。它们有胖胖的脸，凸出的肚子，窄小的翅膀和短小的双腿，走起路来真可爱。笨重的企鹅是鸟吗？

首先，企鹅是恒温动物。恒温动物有两种：鸟类和哺乳动物。鸟类和哺乳动物都是由爬行动物进化而来的。哺乳动物的身体上有毛发，而且大部分哺乳动物都是胎生的，并借助乳腺分泌的乳汁来哺育后代。鸟类则是卵生的，鸟类繁殖后代必须要先产下蛋，然后再孵化出下一代。因此由蛋中孵化而来的企鹅属于鸟类。

当然，是不是属于鸟类，不能只依靠卵生的方式来辨别。鸭嘴兽是卵生的，它却是哺乳动物。我们还要了解一下企鹅是否具有鸟类的特征。身披羽毛，长有翅膀，直肠短，胸肌发达，这些特征企鹅是完全符合的。

由此我们已经可以判定：企鹅属于鸟类。也许你会疑惑：鸟儿不都会飞吗，“胖墩墩”的企鹅怎么飞啊？如果你这样认为，那可就错了，并不是所有的鸟儿都会飞，多见于澳大利亚的鸟儿鸸鹋也是不会飞的。

其实，最初企鹅是会飞的，它们是由于特殊原因才慢慢地失去了飞的本领。但是企鹅也有其他鸟类所没有的本领。想了解企鹅不会飞的秘密以及企鹅独特的本领吗？请继续往后读吧！

▲ 鸸鹋

企鹅有牙齿吗

很多人会认为，企鹅每天都吃磷虾、腕足类动物、乌贼和小鱼，那必定有很尖利的牙齿，才能把食物嚼碎、消化、吸收。但实际上只有几千万年前的始祖鸟才有牙齿，而现在，只有鱼类、爬行类以及哺乳类动物才有牙齿，我们现在所知道的进化过了的鸟类是没有牙齿的。

企鹅属于鸟类，它们也没有牙齿。没有牙齿，企鹅怎么咀嚼食物呢？

鸟是有喙的，而喙的主要功能是获取食物和梳理它们的羽毛，企鹅取得食物也主要是靠它们的喙。

企鹅虽然没有牙齿，但是，它们有角质喙，是啄食器官。企鹅的喙是坚硬的，在喙的边缘，有锯齿一样的东西，这就足够让企鹅把磷虾等食物啄起而不滑落。企鹅就靠喙把食物含住，进入嘴巴以后，企鹅的舌头和上颚的肉刺会对食物进行咀嚼、消化，通过这种方法来吞食鱼、磷虾等食物，但是，肉刺并不是企鹅的牙齿。

小贴士

不同种类鸟的喙也有一些不同，但它们的作用却是相似的。它们的喙主要用来获取食物——捕啄食物、叼住获得的食物，甚至从水中过滤食物，更有甚者，它们会用喙来攀登高处、和其他动物争斗，当然也会用喙叼筑巢的泥巴、树枝等。鸟儿们的喙的形状和大小与它们各自的捕食习惯有着密切的联系。

▼ 企鹅的角质喙

企鹅之间如何交流

语言、手势和神态是人类常用的交流方式。在企鹅的世界里，它们又是如何交流的呢？科学家们通过对企鹅声波的采集和分析，发现企鹅有着自己独特的“语言”。

企鹅通过叫声与同伴们进行交流。不同种类的企鹅的叫声不一样，每个企鹅家庭也会有属于自己的“方言”。它们会发出哨子声、喇叭声、雁鸣声，还有喷气声等声音。尽管如此，企鹅都会用一种共同的语言与同类进行交流，传达信息，表达情感。

它们的叫声大致可以分为三种：第一种是联络叫声，用于同种族成员之间的联系；第二种是领域叫声，用来维护自己的领地；第三种是寻求伴侣的叫声，用来取悦异性，配对结合。

这些叫声在企鹅的生活中有着很大的作用，比如说企鹅父母外出觅食，小企鹅自动结群生活，当企鹅父母捕食回来后是如何准确地找到自己的孩子的呢？叫声此时就是关键了，企鹅父母和小企鹅都能通过彼此的叫声认出对方。当小企鹅迷路时，也可以通过父母的叫声找到自己的家。

在科考中，科学家们还注意到了一个细节，企鹅发出叫声时都是仰着脖子朝天叫。经过研究发现，企鹅的叫声频率很低，仰着脖子朝天叫有利于声音的传播，可以使不同方向的同伴都能听到自己的叫声。

▲ 企鹅夫妇在歌唱

企鹅不穿鞋子会冷吗

在寒冷的冬天，我们会裹上厚厚的围巾，穿上厚厚的衣服和厚厚的鞋才敢出门，因为我们怕冷。那么企鹅生活在极地，那里温度那么低，并且有厚厚的积雪，企鹅每天光着脚丫在雪地里行走，不冷吗？在这里，可以很肯定地告诉大家：企鹅虽然不穿鞋子，但在冰天雪地里也不会冷。

首先，企鹅之所以不怕冷，是因为企鹅脚的血管构造比较特殊，动脉和静脉是相互缠绕的，并且是贯穿组织的。由于这样的构造，热的动脉血就会与冷的静脉血发生热交换（不是血液的混合），可以避免由于局部温度过低而引起的皮肉组织坏死，从而身体僵冷。还有，企鹅是恒温动物，它会通过改变向双脚提供血液的动脉血管的直径来调节脚内的血液流量——当寒冷时，减少脚部的血液流量；当比较温暖时，增加血液流量。这样它的双脚在冰面上即使不穿鞋也感觉不到寒冷。这样的组织构造可以保持一定的温度，而这温度对于它们来说已经很不错了，能够保护在冰面上的脚，这是主要原因。

其次，企鹅脚上肥肉多，仔细看企鹅的脚就知道了，肥嘟嘟的，肥肉可以保温。再加上最外面角质的皮像橡胶一样，这层角质可以保证脚上温度不散失，又有脂肪的保护，企鹅就算不穿鞋也不怕冷了。

▼ 企鹅的脚掌

企鹅选择伴侣的标准是什么

“萝卜青菜，各有所爱。”在人类世界里，不同的人有不同的审美观，同时产生不同的择美标准。在企鹅眼里，什么才是最美的呢？企鹅又有怎样的择偶标准呢？

婚姻，是任何一种动物一生中的头等大事，它关系到自己一生的幸福，所以丝毫不能马虎。很多动物择偶时都十分在意对方的长相，但是雌企鹅却不同，它们更加在意的是那小小的石块。

▼ 衔着石头准备求偶的企鹅

每一只雄企鹅在求偶之前，都会先潜入到海底的深水区，在水里遨游数千米甚至数十千米，只为寻找一块自己心仪的小石头。企鹅世界里的小石头，就像人类世界里的戒指，是雄企鹅向雌企鹅求婚的必备法宝。

雄企鹅找到小石头上岸以后，就要开始寻找自己心仪的雌企鹅。此时，雄企鹅和雌企鹅都会发出声音来吸引对方，雄企鹅根据声音、外表找到自己喜欢的雌企鹅，并把自己历尽千辛万苦找到的小石头放在雌企鹅面前。雄企鹅的选择结束了，雌企鹅的选择才开始。如果雌企鹅对雄企鹅送来的小石头满意，就会把小石头衔回自己正在搭建的巢，雄企鹅就会尾随雌企鹅回“家”。反之，雌企鹅就会用自己的方式表示排斥，赶走雄企鹅。

原来，雄企鹅的择偶标准是雌企鹅的声音和外貌，雌企鹅的择偶标准居然是雄企鹅是否找到令其满意的小石头，大自然真是神奇啊！

为什么企鹅走路像不倒翁呢

企鹅憨厚、大方，走路时一摇一摆的，样子很像不倒翁，十分可爱。为什么它们要这样走路呢？有人说是因为它们穿上了燕尾服，要显示自己的绅士风度；有人说它们走路左摇右摆是为了躲避猎人的瞄准；还有人说是因为它们喝醉了。到底是什么原因呢？研究发现，这种不倒翁式的步伐可能是最符合企鹅行动的方式了，这种方式对正在怀宝宝的企鹅妈妈也有一定的好处。研究人员通过对企鹅走路姿势的研究观察，发现企鹅左右摇摆的走路姿势不会浪费力气，而且企鹅的脚短小，这就决定了它们必须以这种方式行走以支撑起它们那圆胖的身体，在研究过程中，研究人员还对它们行走过程中的摇摆进行了详细的数据记录，包括左右和前后摇摆的次数。最后的结论是——企鹅之所以要摇摆行走，是因为它可以通过摇摆减少能量的消耗。就像悬挂的钟摆只需要最初的一下启动就可以不断进行摇摆一样，企鹅的腿就相当于固定杆。此外，这种行走方式对于企鹅的特殊体形来说，非常适用，可以抬高它们的重心，提高行走时的速度。

▲ 正在行走的企鹅

企鹅为什么能喝那么咸的海水

企鹅是南极洲的小霸主，一扭一拐地走在冰雪大陆上，得意地占领着自己的地盘。我们在羡慕它们闲适的生活时，难免会有一些疑惑。

企鹅生活的南极洲的四周是无边的海，企鹅依靠大海生存。企鹅吃海里的鱼、乌贼、磷虾，喝海水。（当然企鹅也喝淡水，或者直接吃雪）可是，海水不是咸的吗？人喝了咸的水都会越喝越渴，难道企鹅不会吗？

答案是：不会。企鹅们喝海水是用来解渴的。那么企鹅为什么能喝那么咸的海水呢？这是由于它们的身体里面有特殊腺体可以排出海水中的盐分。比如说它们的鼻孔里有很多鼻腺可以随时排出鼻涕，体内多余的盐分就会随之排出。而且，企鹅的眼睛也能排出多余的盐分。

然而，并不是所有的动物与生俱来都拥有让自己生存下去的“辅助器”。正所谓“适者生存，优胜劣汰”，企鹅体内能自动排出盐分的功能也是经过漫长的进化得来的。

为什么海豚长得像鱼却不是鱼

我们所说的海豚一般是指动物界、脊索动物门、哺乳纲、鲸目、齿鲸亚目的部分物种，包括海豚科、淡水豚科和其他一些鲸豚。海豚是体形比较小的鲸类。

海豚和鱼儿长得极其相似，都有着纺锤状流线型的身躯，但是海豚却不是鱼。这是因为海豚是用肺呼吸的，而不像鱼一样用鳃呼吸，所以海豚在游泳时会像人类一样浮出水面从而获取新鲜的空气。海豚游泳时尾巴是不停地上下扇动的，而鱼的尾巴则是

▼ 海豚妈妈和它的宝宝

左右摇摆的。而且海豚是胎生动物，小海豚主要依靠喝海豚妈妈的奶水来摄取成长所需的各种营养物质，而鱼类则通过产卵，卵再长成小鱼，以此来繁衍后代。

人们通常可以在大陆架附近的浅海区域或者淡水中见到海豚，它们有的只有 1 米多长，而某些种类的海豚身长将近 10 米。身长不同的海豚在体重上也会千差万别，比较轻的海豚重约 40 千克，而比较重的海豚足足有 10 吨，几个大型卡车都没办法拉动它。

海豚能活多久

在这个世界上，每一种生物都会有生老病死。你知道海豚的寿命有多长吗，它到底可以活多久？

一般来说，海豚的寿命在 45 岁左右。中国最著名的中华白海豚大概可以活 40 岁。其实，海豚寿命的秘密藏在它们的牙齿里，就像大树的年龄藏在年轮里一样。海豚的牙齿上有年层，我们可以通过年层来估计海豚的年龄。不过，这可不是那么简单，想要通过牙齿知道它的年龄，也只能在这只海豚过世之后才可以。因为我们必须把牙齿切成薄片，染色后，才可以通过仪器看到年层。虽说海豚的寿命本来不算短，但是由于受到严重的环境污染和大量的恶意捕杀，许多海豚在中年时期就已经死亡，有的甚至年幼时就被扼杀。

▲ 海豚的年龄写在牙齿上

海豚会哭吗

人们遇到伤心或者开心的事时，都会流下难过或激动的泪水。人类是有泪腺的动物，所以，人们可以哭。那海豚有泪腺吗？它们会哭吗？哺乳动物一般都有泪腺，海豚也有泪腺，就一定会哭。对于海豚来说，泪水和尿液两者的成分很相像，与人类相比，海豚的眼泪中有更多的氯化钠，也就是食盐。环境会逐渐地改变生物的生存习性和生理功能。海水中有大量的氯化钠，这也会影响到海豚，让海豚的眼泪中也有很多的氯化钠成分。海豚一直生活在海里，它们哭泣时，眼泪和海水融为一体，所以人们看不到。不过，如果海豚搁浅时哭泣，我们就可以看到。曾经有一幅很经典的画面，一头刚刚被捕上岸的海豚趴在地上，旁边一些渔民在宰杀着它的同伴。这头海豚正在被清洗身体，此时，它流下了一滴晶莹剔透的泪水，看到这一幕的人们都心酸了。海豚是人类的好朋友，可是，人类却伤害着它们，用于商业娱乐，或食用！

面对人类的行为，海豚伤心地哭了。

海豚为什么会自杀

在一些海湾，我们会发现偶尔有海豚集体自杀现象！这是为什么呢？人们经研究发现，海豚集体自杀的罪魁祸首是声呐！我们都知道海豚是利用回声定位来确定方向、判断物体的。它们发

▼ 声呐会严重干扰海豚的定位系统

出的超声波撞击到物体上再反射回来，由此来发现周围的其他动物。可声呐会扰乱海豚体内类似于回声探测器的定位系统，使海豚失去方向，并浮出水面，导致身体不适，血液循环受阻，肌肉缺氧。严重的会影响到骨骼，使骨骼组织区域性坏死，造成身体上出现很多小洞。在西班牙加纳利群岛进行过一次使用声呐的军事演习，结果十几只海豚一起冲向岸边，搁浅而死！鉴于这种情况，世界上的很多环保组织都坚持声呐对于海豚来说是致命的威胁，高频声呐更是不应该在海中使用。声呐的确是造成海豚集体自杀的原因，不过到底是因为它破坏了海豚体内的定位系统，还是海豚受到声呐的惊吓过快浮出水面而死亡，科学界还没有一个明确的答案。除了声呐之外，还有一些海豚自杀是因为它们受不了所处的环境，例如海洋馆中就有过海豚自杀的先例，狭小的水域不能满足海豚的要求，于是它们会选择自杀这一途径。

海豚有名字吗

人类拥有自己的名字，我们可以根据不同的名字来跟不同的人交流，生活才不会混乱。那海豚有自己的名字吗？美国的科学家们经过调查研究发现，每一只处在群体中的海豚几乎都有自己的名字，它们可以通过呼唤对方的名字来交流，同一个族群的海豚们可以分辨出对方是谁。在佛罗里达沿岸，科学家们将同一个族群的海豚分成两组，记录下第一组海豚发出的声音，并且经过细致的研究分析，分离出来那些多次出现，有可能成为海豚名字的声音，之后把处理过的声音放给第二组海豚听。科学家们惊奇地发现，大多数的海豚都对这些声音做出了明显的反应，只有一小部分海豚对亲属的声音或名字无动于衷。由此得出结论，海豚都有自己的名字，而且它们辨认同伴时不仅仅是根据发出的声音，还可以根据听到的名字来区别不同的同伴。海豚是如此的聪明，竟然会给自己起名字，相互之间会通过名字来呼唤对方，就像人类一样！这项研究成果具有重要意义，至少证明了海豚也拥有一些跟人类相似的行为。

海豚现在的生存环境怎样

海豚那灵秀的外表加上活泼的天性引得无数人喜爱。你知道目前世界范围内海豚的生存环境是什么样的吗？它们现在生活得依然无忧无虑吗？

海豚像人类一样，属于哺乳动物，它们对环境的适应能力很强，再加上有海豚庞大的家族，以至于在世界上的各个海洋中都可以看见它们的身影，除了酷寒的南极和北极地区，地球的各个区域都有海豚们的故乡。当然，也有一些特立独行的海豚生活在大江大河流域，例如巴西的亚马逊河流域、中国的长江流域等都成为海豚的栖息地。不过如今，海豚的生存环境却不容乐观，海豚的数量在急剧减少，很大一部分海豚都在经历着磨难。2008 年的国际自然保护联盟的调查显示，世界上大约四分之一的海豚受到了或轻微或严重的各种生存威胁，有些甚至还面临着死亡的威胁！中国长江流域的白鳍豚以惊人的速度减少着，海豚的家园正在慢慢被破坏，而这一切都与人类脱不了干系。处于食物链最顶端的我们，总是为了自己的利益去伤害海豚，有的破坏它们的生存家园，有的甚至直接伤害海豚，捕杀海豚！海豚的生存环境令人堪忧。如果我们再不行动起来，改变现状，在不久的将来，海豚很有可能会变得像大熊猫一样稀有。

为什么鲸的祖先生活在陆地上，而我们现在看到的鲸却生活在海里呢

著名的生物学家达尔文在他的《物种起源》一书里系统地阐述了他的进化学说并且论证了这样一个观点："物种是可以变化的，生物是不断进化的，而生物进化的动力是自然选择。"正所谓"物竞天择，适者生存"，生物生存的环境会随着时间的推移而发生变化。那么，生物就需要顺应这种变化而做出相应的进化，否则就会被自然淘汰。

我们已经知道，根据遗传学分析，鲸是由一种食肉偶蹄动物进化而来的。在数亿年前，鲸的祖先一直生活在陆地上。后来由于环境发生了变化，鲸的祖先的生活范围就开始向海洋拓展，逐

渐成为了像海狮、海豹一样可以同时生活在海洋和陆地两种环境里的动物。鲸习惯了在海里活动、捕食，而在陆地上生儿育女、哺育后代。又经过了很长时间的进化，由于比起在陆地上，古鲸在海洋中更容易捕获食物，于是就慢慢地习惯了海洋生活，并且学会了狗刨式的游泳方式。又过了很久，古鲸的后代进一步进化，前肢和尾巴逐渐变成鳍，后肢则完全退化消失，整个身子变成了鱼的形状，完全适应了海洋的生活，而再也无法在陆地上生存了。

鲸从陆地到海洋的进化，正是进化论的最好体现。

为什么鲸要“洄游”上万千米

在动物界中，鲸的迁移距离是数一数二的。而引发这种迁徙行为的因素包括食物的分布密度以及寻找适合繁殖的场所。

鲸这种聪明的海洋哺乳动物，是长途旅行和潜水的冠军。鲸洄游的距离可达上万千米，但它从来不会迷路，而且洄游的路线几乎是直线。

当小鲸出生时会记住它的出生地，当它要繁衍后代时自然会回到它的出生地，这是它的生理习惯。但幼年和成体却又是不一样的，往往成体能适应的环境，幼体却适应不了。因此洄游到一定的合适的地域，鲸才会交配产出下一代。例如座头鲸每年夏季会在极地水域捕食，而在冬季会迁移到温暖的热带海洋，然后在

▲ 迁徙的驼背鲸

那里进行交配及分娩。

其实，鲸也会随着暖流洄游。因为在冷暖水流的交界处有很多鱼类像头足类、甲壳类等可供它们享用。

但是，鲸的洄游路线不一定是明确的。在每年特定的时间内，鲸会形成庞大的队伍向北或向南迁徙。但鲸的迁徙有时是相当混乱的，只要生态环境适合就会侵入，甚至出现在平时并不常见的地方。而北极鲸的迁徙则依北极的层冰而改变，且每年都不相同。

生活中，你还知道其他鲸的洄游路线吗？

一夫一妻制在鲸的世界中也适用吗

一夫一妻制在人类社会很普遍，但在广大的动物王国却并不这样。在大约 5000 种哺乳动物中，只有 3% ~ 5% 的动物物种可以将这种白头偕老的夫妻关系保持一生。这些动物主要包括海狸、水獭、狼、一些蝙蝠和狐狸等。

而鲸鱼通常情况下，就是一夫一妻制的动物。即使配偶死去，鲸鱼也愿独守终身，而不会另寻配偶。例如座头鲸就严格地遵循一夫一妻制。雌鲸每 2 年生育一次，怀孕期约为 10 个月，每胎只产 1 只鲸宝宝。当幼鲸要吃奶时，会本能地用嘴去蹭鲸妈妈的肚皮。鲸妈妈便会将平时隐藏于生殖孔两侧皮肤沟中的乳头伸出。

▼ 鲸鱼家庭是一夫一妻制的

鲸妈妈将乳汁喷出，幼鲸便通过这种方式喝奶。当雌鲸带着幼崽时，丈夫往往紧跟其后，对入侵的其他鲸鱼或小船进行拦截。看来，鲸爸爸还是很负责任的！虽然我们有时候会看到一个鲸群里由一头比较强壮的雄鲸来保护众多雌鲸，但这并不能构成我们怀疑鲸一夫一妻制的理由。

在动物界中，像鲸这样真正坚守纯粹一夫一妻制的动物非常少。

鲸一般是怎么死的

鲸鱼的世界里生老病死是怎样的呢？它们是不是也会死亡呢？还有，鲸一般是怎么死的呢？

对于鲸来说，能够自然地生老病死可以算得上一件幸福的事情。因为大部分鲸都是被人类杀害的，自然死亡的概率便显得小很多。通常情况下，人们会组成庞大的捕鲸船队出海捕鲸。在这方面，日本可“贡献”不小呢！因为在日本，人们多有食用海洋鱼类的偏好，其中当然也包括鲸鱼。不过，随着人类的醒悟，鲸类开始受到保护，从而得以幸免于难。

当然，还经常会出现鲸搁浅海滩而死的悲剧。但直到今天，人们依然没能探索出成群鲸搁浅的原因。有人认为是因捕食而死，还有人认为是由于海洋污染而中毒死亡……

其实说到捕食，鲸也很有可能是因为长时间吃不到东西而饿死的。如今生物多样性正遭受着侵害，食物链中一些海洋生物的缺失会造成整个生物圈的混乱。鲸庞大的身躯需要消耗巨大的能量，而在长期没有足够食物的情况下它们就会逐渐衰竭而亡。

鲨鱼与恐龙哪个生存的年代更久远

据科学家们考察，恐龙作为地球上曾经独霸一时的最强大的生物，最早出现在地球上的时间约为 2.3 亿年前的三叠纪晚期。恐龙是能以后肢支撑身体直立行走的一类生物，因为它们庞大的身躯和强劲的肢体使它们支配地球生态系统超过 1.6 亿年之久。而作为海中的“霸王”，鲨鱼生活的年代比恐龙要早得多了。

据考证，鲨鱼在大约 4 亿年前就出现在地球上了。当时，地

▶ 泥盆纪时期的裂口鲨

球正处在地质年代的奥陶纪到志留纪时期，海洋在地球上占据非常大的空间，气候非常炎热，根本不适合人类居住，只有海洋生物存在。在这样的环境下，从脊索动物中逐渐演化出更高等的脊椎动物，鱼类由此出现了。鲨鱼的祖先——古鲨也是在这一时期出现的。可见鲨鱼出现的时间比恐龙出现的时间要早得多！

在中国，考古学家目前发现的最早的古老鲨鱼化石是旋齿鲨的齿列化石。化石牙齿个体巨大，齿列成弧形，共 16 枚牙齿。古老鲨鱼的齿列前端牙齿短小，后端牙齿比较大，考古专家根据旋齿鲨齿列化石所存在的地层推断，这头旋齿鲨应该生活在二叠纪早期，距今约 2.8 亿年。

鲨鱼出现的年代距离我们是如此的遥远，然而，经过地球沧海桑田的变化，鲨鱼们至今还顽强地存在于世界上，这就值得我们人类学习。而我们人类，则更需要严谨的求知态度来研究鲨鱼的“前世”与“今生”，从而发掘鲨鱼更多不为人知的秘密！

恐龙灭绝了，鲨鱼为什么还没有灭绝

鲨鱼是早于恐龙出现而且至今仍然存在于地球上的一种海洋生物。所以我们可以推测，恐龙所经历过的事情，鲨鱼也会经历。迫使恐龙灭绝的因素对鲨鱼一定造成了威胁，但鲨鱼为什么逃过一劫、顽强地存活下来呢？虽然目前科学界并没有对恐龙为什么灭绝达成统一定论，但是有两种假说还是得到人们普遍接受的。

恐龙是这个世界上已经灭绝了的物种，迫使其灭绝的因素有哪些呢？气候变迁说认为，在 6500 万年前地球气温大幅度下降，从而令大气中的氧含量下降，而恐龙自身没有保暖器官，氧的缺少和寒冷使恐龙灭绝了。大陆漂移说认为地壳的变化最终导致环境和气候变化，恐龙因为无法适应地球环境和气温而灭绝。当然，还有地磁变化说、被子植物中毒说等。毫无疑问，恐龙遭遇的这些剧变，鲨鱼也同样会经历的，是什么给了鲨鱼一线生机呢？

鲨鱼是生活在海里的，海洋是生命的发源地。对于早期的动物来说，海洋对于生物的保护作用是远大于陆地的。海洋因为海水的作用，有着比较强的稳定性，气候的变化、温度的下降比陆地上都会相对小一些。而海洋中并没有太多的食肉性动物的存在，所以，鲨鱼的生存环境比较安全。优胜劣汰，适者生存。对于鲨鱼来说，其适应性能力强于恐龙。所以，不管是从外部生存环境还是鲨鱼自身特性来说，都比恐龙要“优越”，这恐怕就是恐龙灭绝了而鲨鱼还没有灭绝的原因。

鲨鱼会被淹死吗

鲨鱼一生都生活在海水中，自然会游泳、“懂水性”，那么，鲨鱼会被淹死吗？

生物存活在世界上必须依靠呼吸，即便是种子如果不能够呼吸，也会因为缺氧而“死亡”。虽然海水中的含氧量很高，但是因为鲨鱼没有肺，并不能够直接吸入氧气来进行气体交换，从而达到呼吸的目的。同时鲨鱼的鳃裂还不同于硬骨鱼类的鳃盖，鳃裂不能够直接通过鳃盖产生水压，使水循环流入。鳃裂只能作为水流的通道。

鲨鱼的鳃裂里面长有几百根鳃丝，每根鳃丝又有千万个像叶子一样的薄片，这些薄片叫作褶叶，而褶叶上面又有很多血管，血管吸收水中的氧气，从而达到呼吸的目的。为了获得源源不断的氧气，鲨鱼需要不停地游动，让海水带着氧气从口进入流经鳃丝最后从鳃裂流出，从而呼吸到氧气，这样鲨鱼就可以保证呼吸顺畅。如果鲨鱼一旦停止游动，就无法呼吸到水中的氧气，就会窒息而死。所以说，鲨鱼也是有可能会被淹死的！

鲨鱼为什么号称“海中狼”

鲨鱼的种类很多，世界海洋中至少有 380 多种。鲨鱼出现的时间远远早于恐龙出现的时间。鲨鱼在古代叫作鲛、鲛鲨、沙鱼，是海洋中的庞然大物，它们体格健壮、牙齿锋利，所以号称“海中狼”。

鲨鱼那贪婪凶残的本性给人们留下了可怕的印象。因此，一提起鲨鱼，人们往往会有谈虎色变之感。其实，鲨鱼捕捉食物确实比老虎高出一筹，因为鲨鱼可充分利用自己独特的嗅觉、电感受器、洛伦兹壶腹等器官探测食物存在的方向和位置，而老虎只是用眼睛和鼻子寻找食物。

鲨鱼的牙齿也是让海洋中的动物闻风丧胆的“利器”，不仅锋利无比，而且一生之中还可以不断地更新换代。鲨鱼有时候可以将海豹一口吞下去，可见鲨鱼的厉害之处！

其他鱼类害怕鲨鱼，但是，鲨鱼并不是海洋中最厉害的物种，因为鲨鱼害怕海豚。成群的海豚联合起来，有组织地围攻鲨鱼，轮番用有力的鼻子撞击鲨鱼的体侧部。鲨鱼是软骨鱼类，防护内脏的能力差，海豚抓住鲨鱼这一弱点，拼命地撞击，不让它有还手之力，直到把鲨鱼的内脏撞坏为止，往往鲨鱼在一场海豚围歼战中很快毙命。所以，俗语“一物降一物”是很有道理的，连“海中狼”鲨鱼也不例外呢！

▼ 海豚和鲨鱼

小贴士

海豚能够发出一种声波，鲨鱼听了非常难受，战斗力变弱。成群的海豚发出这种声音会对鲨鱼产生很大的刺激，鲨鱼往往会落荒而逃。

鲨鱼也会生病吗

鲨鱼的身体如此强壮并且能够在水中不停地游来游去，很多人可能会产生这样的疑问，鲨鱼会不会生病呢？

长久以来，由于商家的宣传和广告，诸如“鲨鱼骨粉可以治疗癌症”“鲨鱼为什么不生病”之类的广告词，片面地说鲨鱼不会生病，给人们造成了错误印象。那么鲨鱼究竟会不会生病呢？

2000 年，在美国旧金山召开了美国癌症研究的相关会议，宣布其研究成果已经证实鲨鱼及其近亲鳐鱼均会“生病”，例如，狗鲨可患肾癌、砂鲨可患淋巴血癌。

那么，鲨鱼不会患病、不会得癌症的传言从何而来呢？原来，在鲨鱼中有两个种类，一个叫鲸鲨，另一个叫双髻鲨。这两种鲨鱼的脊椎骨除了可以给人医治风湿性关节炎外，还可以提取出硫酸软骨素，硫酸软骨素具有降血脂、抗癌、抗动脉硬化和抗血凝的作用，可以用来治疗动脉硬化、冠心病及肿瘤。有人将一些病原菌和癌细胞植入鲸鲨和双髻鲨体内，发现鲸鲨和双髻鲨可以分泌出超强的抗癌物质，这些抗癌物质可以抑制癌细胞的生长和扩散。不过，目前的研究也只能证明只有鲸鲨和双髻鲨两种鲨鱼真正地具有抗癌性。研究证实，强大的鲨鱼也是会生病的。动物和我们人类一样，都有生老病死，所以，鲨鱼会生病也不足为奇了。

▼ 双髻鲨

第九章

神奇的猴子

猴作为灵长类中非常重要的一个分支，它们有着自己庞大的家族群，以及独特的生活习惯。

猴子的种类有很多，它们之间有什么不同之处呢？它们喜欢群居还是喜欢独居？喜欢白天活动还是晚上活动？看来，关于猴类，我们还有很多需要了解的地方。让我们一起来了解不可思议的猴子们吧，看看它们是如何生活的。

猴是什么样的动物

猴，并不是某一两种动物的名称，而是很多灵长类动物的总称。

从全世界范围来看，猴共有 200 多种，它们之间的部分特征并没有太大的差异。总体来说，猴子体形中等，手指、脚趾分开，并且多数可以与其他指（趾）对握，尾巴长短不一，脸部较扁。但原猴类的五指不能单独运用，只能一起屈伸。

对于很多人来说，我们可能一直都认为猴是生活在树上的，其实并不完全是这样，它们也有很大一部分是在草原上居住的。南美洲、非洲、亚洲等地，都是猴的主要分布地区。

▼ 种类繁多的灵长类动物

猴和人一样是杂食动物。多数的猴子以吃素食为主，包括水果、坚果、植物叶子，偶尔也有一些会吃点肉食，如昆虫、小动物等。

猴子虽说和人有很多相似之处，但就寿命来说，猴子的一般寿命只有20年左右。当然，猴子当中也有十分长寿的，据记载一只雄性白喉卷尾猴活到53岁，是已知年龄最大的猴子！

猿与猴有什么区别

我们习惯将猿与猴并称为“猿猴”，实际上猿与猴的区别还是挺大的。

从外形上来看，人们一眼就能够把猿与猴区分开来。因为猿的体形比猴要大，猿的上肢长于下肢，而猴的四肢等长；若仔细分辨，可以发现猴的口腔两侧脸颊处各有一个囊，叫颊囊，吃到口腔里的食物如果来不及细细咀嚼，就可以储藏在颊囊里，猿没有颊囊；猴有尾巴，因品种不同而或长或短，猿没有；猴子的屁股上有厚而坚韧的胼胝，也被称为臀疣，是皮肤高度角质化形成的，裸露无毛，颜色鲜艳，通常是红色的，除了长臂猿之外的猿没有胼胝。

从分类上看，我们通常说的“猿”是灵长类猩猩科和长臂猿科动物的总称，包括了生活在非洲的黑猩猩、大猩猩和生活在亚洲的长臂猿和猩猩；而我们通常所说的猴，是指灵长类的猴科动物，共21属132种，它们主要生活在非洲和亚洲的热带和温带

▶ 猴子

▶ 黑猩猩

地区。我们熟悉的猕猴、金丝猴、拇指猴、眼镜猴等都属于猴。

从与人类的亲缘关系上来看，猿比猴更加接近人类。猿的形态结构均更为与人相似，在牙齿数目和结构、眼睛的位置、外耳的形状、盲肠的蚓突结构、宽阔的胸廓和扁平的胸骨、血型等方面，猿都与人类最为相近；猿的大脑比猴更加发达，因而思维也比猴更复杂。它们能使用工具，能表达愤怒、高兴、害怕、悲伤等情绪。

猿与猴都会像人一样笑吗

笑，是大家熟悉的词语，我们都会笑，而猿与猴会不会笑呢？

对于这个问题，科学界早已展开了研究。在21世纪初，德国科学家通过研究得出了结论，其实人类在完全进化成人之前就已经学会笑了。在研究过程中，科学家着重对黑猩猩进行了观察，发现倭黑猩猩幼崽会发出一种与人类婴儿笑声几乎一模一样的笑声，并且二者面部表情非常相似，只是倭黑猩猩在发声时声音频率比较高而已。另外科学家还对大猩猩进行了“挠痒痒”，这时大猩猩会发出一种很急促的喘息，这是一种娱乐的信号，所以科

◀ 倭黑猩猩幼崽

学家认为，黑猩猩们在“挠痒痒”时也是会笑的。

猴，也是会笑的。猴笑的时候的表情也很容易分辨出来，但它们的脸部肌肉的变化会令我们觉得它们的笑容有些生硬。

猿与猴的寿命有多长

猿与猴相比，一般而言，猿的寿命要长一些。

猿的寿命都在数十年。其中，体形较小的长臂猿的寿命在 20 ~ 30 年左右。体形较大的大猩猩、黑猩猩和猩猩的寿命都在 30 ~ 50 年，它们一般在 8 ~ 12 岁发育成熟，开始进行繁殖活动。据记载，迄今为止，猿的长寿纪录是费城动物园中的一头大猩猩，它活了 54 岁。

猴科动物的种类繁多，它们的寿命在 15 ~ 50 年不等。1988 年 7 月 10 日，一名叫波波的雄性白喉卷尾猴去世，它是世界上年龄最大的一只猴子，活了 53 年。公园里我们最常见的猕猴的寿命在 25 ~ 30 年，漂亮的金丝猴的寿命在 16 ~ 18 年，外形古怪的眼镜猴的寿命 15 ~ 20 年，短尾猴的寿命在 20 年左右，生活在热带及亚热带雨林中的行动缓慢的蜂猴（懒猴）的寿命在 20 ~ 25 年，而最小的绒猴的寿命在 15 年以上。

◀ 绒猴

狐猴的外形很像狐狸吗

狐猴类动物是灵长类当中的“老者”。狐猴，作为猿猴当中最原始的一个群体，它的长相我们在之前也有一些简短的介绍，可是具体的样子我们还是有一些模糊。它真的长得像狐狸吗？狐猴究竟长什么样？

狐猴是一群在马达加斯加东部生活的动物，它们并不只有一个种族，而是多种长相相似的猴子们的统称。作为灵长类当中的“老者”，它们的模样也与其他“近亲”们并不很相似。它们的外形有点像猴子，并且有与猴子类似的手脚构造。但其嘴型和脸部又与狐狸十分相像。狐猴眼睛很大，吻部很长。并且它们有一条长于身高的尾巴，尤其当它们把尾巴竖起来时，可爱十足。狐

▶ 环尾狐猴

猴经常出现在影视作品中，色彩斑斓的毛发也为它加分不少。

狐猴当中有一种比较著名的马达加斯加环尾狐猴，背部为灰褐色，尾巴黑白相间，呈现一圈黑一圈白的环节。狐猴当中最“大个”的是领狐猴，大约 60 厘米长，但不论它们个子多大，尾巴和躯干总是一样长，甚至更长。

什么是兔猴

兔猴的名字让我们耳目一新，“兔猴”，它和兔子或猴子之间有怎样的关系呢？

其实兔猴是一种已经灭绝很久的灵长类动物，身体与猴子相似，而脸颊似兔子。

兔猴科的动物和很多狐猴并不一样，它们主要分布于始新世纪晚期的欧洲。它们在地球上存在的时间并不是很长，其中以巴黎兔猴最为著名。

巴黎兔猴，听名字是不是觉得它一定“身手敏捷”，因为兔子是十分灵敏的。但实际上，巴黎兔猴行动较为迟缓，和现代的懒猴有点相似。它喜欢栖息在树上，通常在白天进行觅食等活动。

兔猴科动物之间大部分都是具有共性的。比如，它们中的大多数都长着细小的眼眶以及能吃叶子以及果实的颊齿，体重一般在 1 千克左右。它们和现在的灵长类在很多地方也颇为相似。兔猴科的动物有手指及脚趾，并且有指甲，它们能用手或脚来抓取东西。但它们与现在的灵长类也有不同，它们缺乏原猴的一些独特性，如齿梳子、二趾上的爪、缩小了的内颈动脉等。

指猴和拇指一般大吗

在灵长类动物中，远古大狐猴虽然已经灭绝，但其 200 ~ 300 千克的体重给我们留下了很深刻的印象。与之相反，灵长类中也有许多体形迷你的动物，指猴便是其中之一。

指猴之所以称为指猴，是因为它和我们的手指差不多大吗？如果你是这么想的话，那就错了！指猴得名的原因是其脚趾和手指很长（中指很长）。

▲ 指猴

指猴生活在马达加斯加东部的沿海森林。它们栖息于大树枝或树干上，在树洞或树的枝桠上筑巢。它们的巢一般呈球形。指猴喜欢单独或成双成对地生活。它们喜欢在夜间捕食昆虫。它们的叫声凄厉，当地人认为指猴是不祥之物，因此指猴常常遭到捕杀。指猴作为灵长类的一员，现存的数量已经十分稀少了。

马达加斯加岛上的指猴喜欢雨林的环境。它们习惯栖息在大树枝或者树干上。白天是它们的休息时间，而夜晚则是它们活动的时候了。

指猴们喜欢吃一些虫卵、幼虫以及甲虫，并且能很巧妙地运用自己手指很长的优势，钻取蛋壳中的蛋清。因此，这里是没有啄木鸟的，因为它们的“活儿”都被指猴们给包下了。

这种指猴的体形和猫差不多，体重可达 2 千克左右。身长约 40 厘米，尾巴却有 50 ～ 60 厘米，并且被毛粗密，呈深灰或黑色，有些甚至比狐狸尾巴还要粗壮。它们体积偏大，跳跃的样子很像袋鼠，所以它们曾一度被认为是属于袋鼠之类的动物。别看其个头小，性格温顺，它们吃东西的时候可是一点都不文雅。它们大口咀嚼着寻觅来的食物，并且口水横流。它们撕咬树枝时动作十分猛烈，它们的球形巢穴就是咬断树枝建造的。

眼镜猴是什么样的动物

有着大大眼睛的眼镜猴，它们的脑袋也很特别，能旋转180度，这使得它们的视野非常宽阔。它们的脸很短，有着大大的膜状耳朵，警惕地动个不停。它们的皮毛浓密丝滑，呈灰色到深棕色。它们的尾巴毛不多，有得甚至显得光秃秃的，多数品种的眼镜猴的尾巴末端会有一小簇毛，像小毛球一样。

眼镜猴是唯一的完全食肉性的灵长类动物。它们在夜间出来捕食，主要以昆虫、蜥蜴和蛇类为食。它们能在森林里的树木之间穿行自如，因为它们的手脚非常灵活，指（趾）端能伸展成盘状的肉垫，帮助它们紧紧地抓住树干。它们长长的尾巴、强健有力且细长的后肢，也是它们在枝桠间飞跃的好帮手。

成年的眼镜猴几乎是一夫一妻制，每胎生一只小眼镜猴，哺乳期约为6个月。6个月后的小眼镜猴的身体就会长满浓密的毛。眼镜猴之间通过声音来传递信息，雌雄眼镜猴会一唱一和地尖叫来抵御入侵它们领地的其他眼镜猴。

▶ 眼镜猴

猕猴常见吗

猕猴是亚洲地区最常见的一种猴。在中国，主要分布在西南、华南、华中、华东、华北和西北等地区，分布范围十分广阔。成年猕猴的个头不大，体长 47 ～ 64 厘米，尾长 20 ～ 30 厘米。雄性猕猴平均体重为 8 ～ 12 千克，雌性猕猴则相对较轻，只有 8.5 千克。猕猴背上的体毛为棕灰或棕黄色，腹部颜色较淡，为浅灰黄色。猕猴不仅生活在原始森林的树上，石山峭壁以及河岸两边都是它们的栖息地。因此，由于对生活环境的要求不高，猕猴们的适应性大多很强。

中国是猕猴数量很多的国家，现存 30 万只左右。别看它们的数目与其他猴类相比要多很多，但和 50 年前相比，猕猴的数量减少了 70% ~ 80%，甚至许多省份的猕猴都已经绝迹了。猕猴现在是中国国家二级保护动物。

猕猴喜欢群居生活，一般群体数量为 30 ~ 50 只，有时也可达 200 只左右。它们一般喜欢吃树叶、野菜等食物，但有时候也会吃一些小鸟、鸟蛋、昆虫、蚂蚁等。

小贴士

猕猴在吃水果的时候有一个很特别的习惯，它们只吃有甜味并且熟了的果子，对于没熟的则一律丢弃。因此会出现边采边丢的现象，而且所到之处往往是断枝弃果，一片狼藉。

▼ 猕猴

蜘蛛猴的尾巴有什么神奇之处

蜘蛛猴是灵长类悬猴科的一种。它们有着修长的四肢，喜欢在树上进行跳跃和爬行，远看它们，仿佛是一个个巨大的蜘蛛在树上活动，因此而得名。蜘蛛猴和很多原猴一样，有着一条十分抢眼的尾巴。它们的尾巴比自己的身体长，并且长着很多尾毛。既然它们的尾巴长于自己“身高”，那么尾巴的作用一定是非常大的了。蜘蛛猴的尾巴有着平衡身体的作用，用尾巴可以将自己的身体悬

◀ 蜘蛛猴

吊起来。卷曲的尾巴还能帮助它们抓拽食物。

蜘蛛猴尽管四肢修长，但它们的身体瘦小。体重约 6 千克，身长只有 35 ~ 66 厘米，尾长比身长还要长。它们身体上的毛发一般为褐色和灰色，但头的毛发颜色却不一样，主要有灰色、红色、深褐色和黑色几种。

蜘蛛猴的尾巴还有一个神奇的功能，那就是散热功能。它们的尾巴好似一个散热器，因此在很大程度上能帮助它们进行体温的调节。

金丝猴都是金色的吗

金丝猴的学名叫作仰鼻猴，是灵长类猴科疣猴亚科仰鼻猴属的动物。由于世界上最早发现的仰鼻猴是生活在中国四川、陕西、甘肃地区的川金丝猴，因而这一属的动物通常被称为金丝猴。

金丝猴这一属中共有 4 种，其中 3 种分布在中国中部地区，分别是：川金丝猴、滇金丝猴和黔金丝猴。还有 1 种金丝猴分布在越南北部，被称为越南金丝猴。只有川金丝猴的皮毛远远望去金灿灿的，其他 3 种都不是金色的。滇金丝猴呈上黑下白，黔金丝猴主要呈深灰色，越南金丝猴基本也呈上黑下白。

川金丝猴生活在中国中部海拔 1800 ~ 2700 米的山地松叶林。它们有着浓密的金棕色到金红色的皮毛，尾巴和身体一样长。雄性金丝猴的背上覆盖着黑色和金色的长毛，它们的身长约有 62

▲ 川金丝猴

▼ 滇金丝猴

厘米，重约16～17千克。雌性金丝猴相对小一点，体重约为9～10千克。这种金丝猴的脸是浅蓝色的，呈三叶草形。成年雄性金丝猴的嘴角会长有奇怪的红色瘤状突起。

滇金丝猴生活在中国南部云南省的海拔高达4000米的松叶林中，这里常年被雪覆盖着。它们比川金丝猴身体更长，尾巴更短，但体重差不多。滇金丝猴上黑下白，脸是浅绿色的，头顶有一簇向前弯曲的毛。

黔金丝猴生活在中国西南部海拔1500米的贵州省。它们比前两种金丝猴稍微小一些，尾巴长，全身都是深灰色，仅双肩之间有一块为白色，头顶有一块呈红色。

越南金丝猴生活在越南北部的那杭郡，是仰鼻猴属中体形最小的。它们有着长长的尾巴、瘦长瘦长的手指和脚趾。整个身体上黑下白，脸上有一圈是白色的，脸上砖红色的嘴唇非常突出。

食蟹猴是爱吃螃蟹的猴吗

食蟹猴又名长尾猴，也叫爪哇猴，它们是猕猴属下的猴种，但体形比猕猴略小一些，身长40～47厘米，尾长50～60厘米。成年的雄性食蟹猴体重为5～7千克，雌性食蟹猴体重为3～4千克。食蟹猴体毛为黄色、灰色、褐色不等，腹部和四肢内侧的体毛为浅白色。它们的眼睑上方有白色三角区，因此分辨起来并不是很困难。

食蟹猴主要分布在泰国、越南、马来西亚等东南亚国家。在

▲ 食蟹猴

中国，食蟹猴是国家二级保护动物。它们喜欢生活在气候湿润的热带雨林、红树林沼泽以及潮汐河流岸等热带岛屿。它们所在的地方一般都有河流，并且水源充足，因此它们特别喜欢在退潮后到海边寻找螃蟹或者一些贝类来当作食物。

食蟹猴寿命较长，并且生物学特征也与人类极其相似。

动物传奇

策　　划 | 高　欣
品牌运营 | 孙　莉
销售总监 | 彭美娜
执行编辑 | 陈　静
营销编辑 | 王晓琦　张　颖
技术编辑 | 李　雁
装帧设计 | 高高国际

微信公号 | 高高国际